Écrit à Orford, Québec

par

Kishori Aird, n.d.

Kishori Aird

L'ADN DÉMYSTIFIÉ

TOME I

Édition révisée 2007

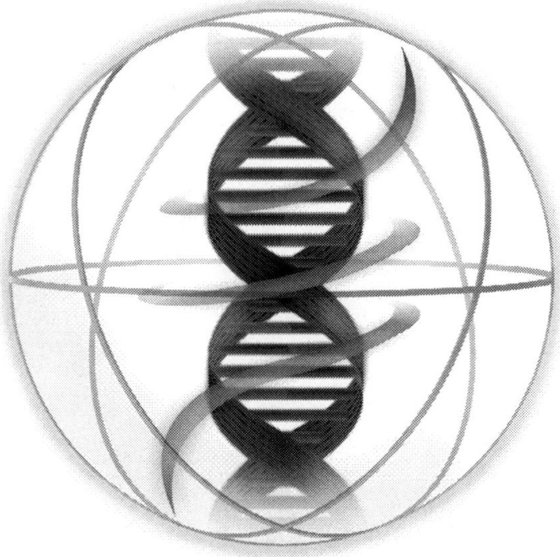

Guide pratique de reprogrammation des treize hélices au point zéro

ISBN 978-2-98074441-0-5

Dépôt légal : premier trimestre 2002
Bibliothèque nationale du Québec
Bibliothèque nationale du Canada

Sixième impression : novembre 2008

Assistant à la rédaction : Jean Cloutier
Relecture et révision : Françoise McNeil, Sonia Laberge
Mise en page : Carl Lemyre, Devin Young
Illustration : Devin Young

Éditeur
Institut Kishori inc.
Casier postal 252
Magog (Québec)
JIX 3W8
Téléphone : 819 868-1284
Site Internet : www.kishori.org
Courriel : kishori@kishori.org

Diffusion
Au Canada : Messageries de Presse Benjamin inc.
En France et en Belgique : DG Diffusion
En Suisse : Transat Diffusion

Imprimé au Canada

Remerciements de l'auteure

Je souhaite remercier mon conjoint, Bruno Simard, qui a su m'accompagner, me garder les deux pieds sur terre et m'aider à m'amuser tout au long de ce projet. Sa spiritualité, son aide affectueuse et la lucidité de son engagement ont permis d'ancrer dans notre quotidien les concepts de la reprogrammation de l'ADN.

Je suis reconnaissante envers mes quatre enfants indigo, Devin, Shawn, Marie-France et Merlin qui m'ont aidée et soutenue à maintes reprises par la qualité de leur présence.

Ma gratitude va à mon *coach,* Jean Cloutier, qui fut une source permanente d'encouragements et de soutien. Maître de l'art de communiquer, il a su me transmettre son savoir et sa clarté.

Je tiens à remercier mon amie, Alice Melanson. Son amitié et son aide dans le développement de mes idées ont grandement contribué à l'élaboration des protocoles.

Merci à toutes les personnes qui ont relu et revu le texte et qui m'ont aidée à l'ancrer !

Une mention spéciale pour signaler l'immense contribution de tous mes étudiants qui ont bien voulu participer à mes formations, d'abord en intuition médicale et, depuis janvier 2000, en reprogrammation de l'ADN. Ils ont pris mes idées, les ont mises en pratique, et par leurs multiples commentaires, ils m'ont aidée à clarifier ma vision. Ils ont eu le courage de dire oui et de reprendre petit à petit le contrôle de leur propre code génétique. C'est un grand cadeau pour une innovatrice de voir ses idées s'enraciner dans la vie de tous les jours.

Finalement, je rends hommage à tous ceux et celles qui, de près ou de loin, ont collaboré à la manifestation et à la diffusion de cet ouvrage.

Table des matières

Introduction

Il est facile, de nos jours, de regarder le monde et de hocher la tête en pensant que nous vivons une époque bien chaotique. Or, il est surprenant de constater à quel point les structures anciennes peuvent être malléables dans un temps de turbulence. De nouveaux concepts totalement inusités peuvent alors être introduits dans notre pensée collective. À preuve, le XXe siècle, et en particulier la dernière moitié, a été on ne peut plus chaotique, mais il n'y a qu'à comparer ce qui pour nous aujourd'hui est monnaie courante et ce que nos ancêtres auraient pensé de la fécondation *in vitro* et de l'Internet pour comprendre à quel point la turbulence peut être source de changements fascinants.

Nous vivons une époque qui donne même à penser que la « vérité » se redéfinit. Toutes les branches de la science nous l'apprennent, et, au premier chef, la physique quantique, selon laquelle la matière solide ne l'est plus et la réalité concrète est déterminée par nos pensées. De tout cela, on peut tirer une conclusion sûre : les catastrophes que nous redoutons et qui peuvent chambarder notre vie peuvent aussi nous servir de portails vers une nouvelle façon de penser et d'agir. Il n'y a qu'à se remémorer l'histoire vraie relatée dans le film l'*Huile de Lorenzo* pour comprendre ce fait. Face à la maladie mentale supposée dégénérative de leur fils, des parents refusent d'accepter le pronostic médical et l'ostracisme social. C'est par leur rébellion, leurs recherches et leurs observations qu'ils feront de nouveaux liens, de nouvelles connexions dans leurs modes de pensée. Et ce processus aboutit à la découverte d'une cure. Cette histoire illustre le cheminement de presque toutes les grandes découvertes de l'humanité. C'est pourquoi je suis convaincue que c'est justement grâce au chaos actuel, parce qu'il nous ouvre la porte pour redéfinir notre réalité, que nous allons pouvoir réorganiser et reprogrammer notre ADN, notre code génétique.

Le pouvoir sur notre réalité

C'est pour cette raison que j'ai voulu écrire ce livre maintenant, car je sais que le moment est venu de reprendre possession de nous-même. À l'heure où des scientifiques et des compagnies pharmaceutiques tentent de s'approprier notre code génétique en déposant des brevets sur nos gènes, nous pouvons retrouver notre souveraineté sur notre propre ADN – et donc sur notre vie – et ce pouvoir sur notre réalité peut maintenant être encodé à jamais dans nos gènes. Si je devais résumer en une courte phrase le message que je désire transmettre dans ce livre, je dirais : « Nous avons beaucoup plus de pouvoir que nous ne le pensons ! »

Nous savons déjà que nous pouvons influencer notre santé et notre évolution par nos attitudes. Bien des textes ont d'ailleurs été écrits à propos de la reprogrammation cellulaire et du réseau psycho-neuro-immunologique, mais, curieusement, il y a peu de documentation sur la reprogrammation de l'ADN, mise à part l'information partielle transmise par nos scientifiques – et la connaissance parcellaire qu'ils détiennent sur notre ADN.

Nous n'utilisons qu'une faible partie de notre cerveau lorsque nous sommes éveillés. Notre ADN n'est même pas opérationnel à 100 %. Il existe une multitude de combinaisons possibles entre les différentes protéines de l'ADN qui ne sont pas actives, au point que les biologistes qui ont défini le génome humain en ont déduit que 97 % de notre ADN était superflu !!! Tout indique qu'au cours des mutations de la race humaine, nous avons perdu une grande portion de notre héritage génétique. Plusieurs croient même que nous avons subi, au cours de notre histoire, des manipulations génétiques qui ont affaibli notre ADN.

C'est comme si nous avions une automobile munie de toutes sortes d'options intéressantes comme des vitres électriques et l'air climatisé, mais que, sans raison, nous ne nous en servions pas. Le vendeur ne nous a pas informés de toutes les capacités de ce véhicule et, pour une raison inconnue, nous n'avons jamais pensé que ces caractéristiques étaient là pour notre usage. Voilà pourquoi je veux vous inviter à faire de nouveaux liens et à vous poser de nouvelles questions à propos de vos programmes génétiques.

Pour mieux comprendre le bond gigantesque auquel nous assistons présentement dans l'évolution de la race humaine, il nous faut saisir l'importance du code génétique dans la définition de l'humain. L'ADN recèle un immense pouvoir que nous devons nous réapproprier. Les manipulations transgéniques, sous la domination de l'industrie qui maintient le public dans l'ignorance, illustrent très bien l'enjeu actuel.

Il y a presque trente ans que je médite et j'ai pu sentir, au cours de ces années de pratiques spirituelles, qu'un changement de fréquence s'effectuait. J'ai la conviction que l'heure est enfin venue de transformer les vieux paradigmes de nos programmes génétiques humains. Je sais que nous sommes dans une ère de réappropriation de l'héritage collectif que nous portons en nous, au coeur de chacune des cellules de notre corps, car tout indique que les circonstances planétaires actuelles sont propices. Le fait est que nous pouvons le faire en reprogrammant nous-même certains aspects de notre ADN superflu et que l'activation actuelle des nouvelles hélices permet d'accélérer ce processus de changement.

La genèse de ce livre

Le jour de mes 40 ans, j'ai compris que même si j'avais fait tout ce que je souhaitais dans ma vie, je n'avais jamais vécu en permanence dans l'état d'amour. Je me suis alors recueillie, puis j'ai déclaré que, comme j'amorçais probablement la deuxième moitié de ma vie, *je choisissais* de vivre l'autre moitié, celle qui s'ouvrait devant moi, dans l'état d'amour, *même si* je ne savais pas comment. Ensuite, je me suis armée de persévérance, car j'avais soif de savoir ce que serait ma vie si je la vivais dans l'état d'amour.

Depuis, chaque fois que j'ai eu à affronter un conflit, une peur ou un doute, j'ai choisi par intention de le régler dans l'état d'amour, *même si* je n'avais aucune idée sur la façon d'y parvenir. Quand, comme toute mère de famille, j'ai dû faire de la résolution de conflit, j'ai choisi de le faire dans l'état d'amour, *même si* je ne savais pas comment. C'était un choix personnel, un choix de vie. Je ne me doutais pas, à cette époque, de l'importance de cette discipline personnelle pour le travail de reprogrammation de l'ADN que j'allais entreprendre deux ans plus tard.

En 1997, quelques mois après la naissance de mon dernier fils, j'ai commencé à travailler sur l'ADN. Nous étions trois thérapeutes et nous nous réunissions une fois par mois. Nous travaillions avec l'imaginaire, l'intuition médicale et la visualisation. L'une d'entre nous avait une formation médicale, l'autre, une formation métaphysique. De mon côté, en tant que naturopathe et intuitive médicale, j'apportais à notre trio ma formation en approches alternatives de la santé.

Dès le début de nos rencontres, nous avons fait appel à l'énergie universelle du cœur, car je savais maintenant de façon irrévocable qu'il fallait entreprendre cette aventure dans l'état d'amour et qu'il ne fallait pas aller dans l'ADN en dehors de cette fréquence. Cela se reflète d'ailleurs dans le fait que tous les protocoles de reprogrammation incluent une vérification à cet égard.

Nous nous sommes vraiment investies dans cette recherche, mais, après deux ans, le processus nous avait tellement ébranlées physiquement et psychiquement que nous étions prêtes à tout abandonner. Nous ne nous étions pas rendues compte jusque-là que travailler avec les nouvelles hélices de l'ADN exigeait une plus grande vigilance quant à nos besoins et à notre constitution. Nous avons finalement compris qu'il nous fallait intégrer à notre équipe une personne capable de nous ancrer. C'est alors que mon conjoint s'est joint à notre groupe où il a agi comme point d'ancrage afin de faciliter le bon fonctionnement de nos systèmes nerveux, immunitaire et endocrinien.

Grâce à ce travail d'ancrage, nous avons pu reprendre nos recherches, mais plus les fréquences changeaient, plus il nous fallait être capables d'augmenter notre niveau de résistance physique et spirituelle. Nous devions trouver une nouvelle façon de travailler en maintenant un rythme optimal sans dépasser nos limites. Nous avons dû espacer nos rencontres pour prendre davantage le temps d'intégrer.

Lorsque nous avons eu suffisamment d'idées et d'informations pour définir des processus accessibles et transférables dans notre quotidien, nous avons décidé de mettre un terme à notre recherche en groupe. Notre collectif s'est dissous, chacun conservant ce qu'il avait bien voulu garder de ces années de recherche. Pour ma part, j'étais maintenant assez sûre de moi et je sentais que je disposais de suffisamment d'informations sur l'ADN pour pouvoir incorporer les fruits de nos recherches tant dans ma vie courante que dans mes enseignements.

Je tiens à souligner que, tout au long de mon processus de développement des outils qui permettent de reprogrammer l'ADN, je n'ai travaillé qu'avec des humains bien ancrés dans leur quotidien et qui vivaient des réalités totalement terrestres. Je n'ai pas canalisé de pouvoir supérieur pour obtenir ces connaissances ni pour comprendre leur application dans notre biologie humaine. Tous les membres de notre groupe et moi-même avons utilisé l'intuition et l'imagination, jumelées à nos connaissances concrètes issues de nos compétences professionnelles, pour entrer à l'intérieur de nous-mêmes et nous réapproprier les codes génétiques endormis dans notre ADN. C'est à partir de mon expérience, de mes expérimentations, de mes connaissances ainsi que d'informations obtenues de différentes sources, synthétisées et intégrées aux miennes, que j'ai développé un savoir intégré sur l'ADN.

C'est donc l'ensemble de mes découvertes, de mes réflexions, de mes observations ainsi que celles de mes étudiants et de notre groupe de travail, de mes conclusions et des traitements que j'ai effectués auprès des personnes qui m'ont consultée jusqu'à présent qui composent la substance de ce livre.

Il y a une force oubliée au cœur de l'ADN qui permet de façonner notre vie et notre identité. Plus nous connaîtrons l'ADN, plus nous serons conscients de sa valeur et plus nous éprouverons un respect vis-à-vis de ses codifications et de la force qui en émane. Les résultats obtenus par l'expérimentation de cette force sont fascinants. Mes étudiants en reprogrammation de l'ADN ont atteint, en général, une plus grande maturité émotive, une situation financière plus stable, un rapport plus clair avec leur intuition et, surtout, le sentiment qu'ils sont en possession de leur destin. Graduellement, ils ont repris leur direction de vie, de façon bien intégrée dans leur quotidien. Mieux encore, la spiritualité a cessé pour eux d'être cloisonnée dans un univers éthéré, déconnecté de la vie humaine.

C'est pourquoi je voudrais terminer cette introduction en citant une stagiaire, Françoise L., qui m'a fait part de son cheminement dans la reprogrammation de son ADN :

Lorsque je me demande ce que la reprogrammation de l'ADN m'a apporté, ce qui me vient en priorité c'est que cette approche m'a permis de me réapproprier mon pouvoir. Le sentiment d'impuissance que j'avais face à la vie en général s'estompe peu à peu. J'ai maintenant à ma portée un outil simple et extraordinaire qui me permet d'aller profondément à ma rencontre en identifiant entre autres les programmes qui ne me conviennent plus et dont j'ignorais même la présence. Par exemple, je connais davantage (et dans certains cas totalement) l'origine de mes peurs, ce qui me permet de les intégrer afin de continuer à avancer beaucoup plus légèrement dans ma vie. Je suis entrée dans la reprogrammation de l'ADN au sortir d'un divorce. Cela m'a grandement aidée à traverser cette épreuve que j'avais moi-même provoquée. La reprogrammation de l'ADN aide à la communication en mettant surtout l'accent sur le non-jugement. Mes relations avec mes proches se sont améliorées et sont des plus enrichissantes. J'ai beaucoup plus d'assurance et, avant tout, je sens cette paix qui s'installe de plus en plus en moi. Je me sens bien et heureuse de vivre. Je constate que plus je suis dans cet état et plus ceux qui me côtoient ont envie d'y être également. Voilà où le changement s'opère d'abord : à la source. En se changeant soi-même, on change le monde ! N'est-ce pas extraordinaire ?

Chapitre 1

NOUS SOMMES PROGRAMMÉS !

Pour saisir toute la beauté des informations que recèle ce livre, une introduction portant sur notre matériel génétique s'impose. Pour pouvoir comprendre comment utiliser l'ADN pour améliorer notre santé, notre vie et notre évolution, nous devons nous rappeler que c'est à l'intérieur de l'ADN que se trouvent toutes les commandes et les programmes qui gèrent le fonctionnement du corps et de l'esprit. C'est l'ADN qui décide si nous aurons les yeux bruns ou bleus et les cheveux frisés même si nous aurions préféré qu'ils soient plats ! Nous allons donc commencer par examiner la nature et le fonctionnement physique (scientifique) de l'ADN, avant d'aborder son aspect vibratoire.

Schéma physique de l'ADN

Au coeur de chacune des cellules de notre corps se trouve l'ADN (acide désoxyribonucléique). L'ADN forme à l'intérieur du noyau de chaque cellule du corps humain 46 filaments chromosomiques (ou chromosomes) distincts qui se présentent, la plupart du temps, en 23 paires. Chaque chromosome est composé de multiples gènes et chaque gène est responsable d'une fonction ou d'une caractéristique biologique spécifique. Pour transmettre ses messages ou ses instructions aux cellules, l'ADN utilise ce qu'on pourrait appeler un « téléphone », c'est-à-dire l'ARN (acide ribonucléique).

Par ailleurs, l'ADN transporte du courant et, de ce fait, il est comme un petit moteur électrique. Comme la spirale de l'ADN se referme sur elle-même et forme une boucle, ce moteur est sensible aux influences magnétiques, car un courant électrique transporté dans une boucle crée son propre champ magnétique. Autre caractéristique intéressante, l'ADN émet de la lumière sous forme de biophotons. Cette lumière, quoique extrêmement faible (sa luminosité est équivalente à celle d'une bougie vue à dix kilomètres) est ultra cohérente et régulière, ce qui signifie que toutes ses fréquences sont en phase, comme dans les lasers. L'ADN est donc comme une sorte de *mini laser*. Il est possible d'ailleurs qu'il existe un lien entre l'émission de photons de l'ADN et la conscience. Ainsi, l'idée que toute cette belle lumière émanant des êtres évolués et des saints ne provient en réalité que de l'activation de leur ADN est très séduisante.

On peut visualiser la structure de base de l'ADN, en imaginant d'abord une très longue échelle avec des centaines de milliers de barreaux. Cette échelle est « tordue » sur elle-même jusqu'à ce que ses montants forment une double spirale qui évoque une double hélice. Cette double hélice est elle-même « tordue » de façon à prendre une forme semblable à celle d'un cordon de combiné de téléphone qui s'enroule ensuite sur lui-même.

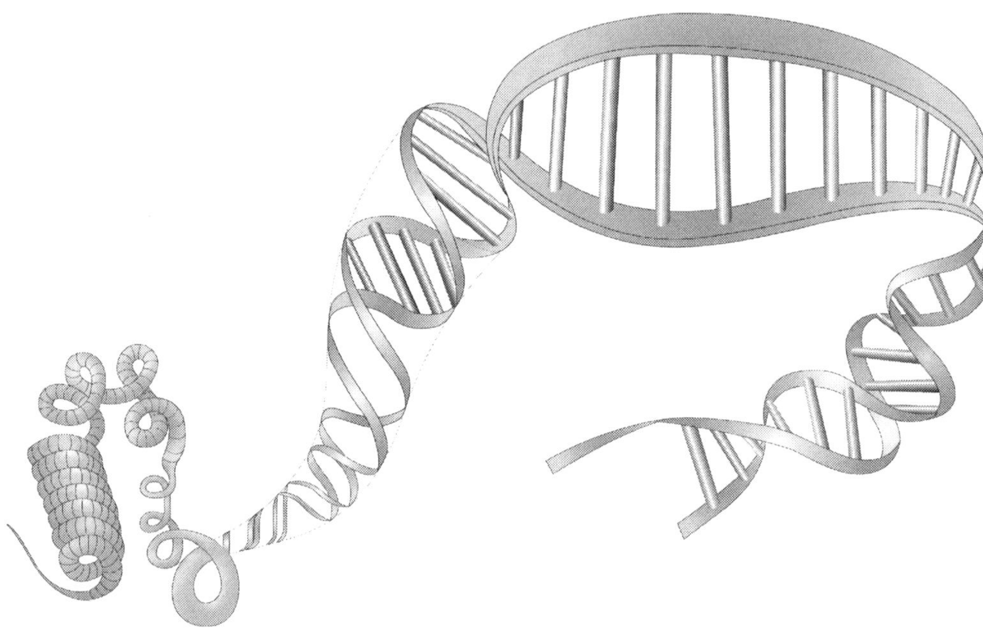

Les montants de cette échelle sont des chaînes de molécules de sucre simple et de phosphate simple, tandis que les barreaux sont formés de quatre acides nucléiques. Il s'agit de l'adénine (A), de la thymine (T), de la cytosine (C) et de la guanine (G). Pour définir l'ADN, on utilise les quatre lettres : A, T, C et G, soit la première lettre du nom de chacun des quatre acides nucléiques.

Ces quatre acides nucléiques se regroupent d'abord par paires, dans un agencement défini et invariable : l'adénine (A) est toujours liée à la thymine (T) pour former les paires AT ou TA, tandis que la cytosine (C) est toujours liée à la guanine (G) pour former les paires CG ou GC. Les paires d'acides nucléiques (AT ou TA et CG ou GC) se regroupent ensuite trois par trois pour former des codons. La chaîne « AT GC TA », par exemple, constitue un codon. En fait, les paires d'acides nucléiques peuvent se regrouper trois par trois selon 64 combinaisons différentes et chacune de ces combinaisons est un codon.

Les codons eux-mêmes se regroupent pour constituer un « code » ou, plus précisément, un gène. Un gène peut se composer de seulement quelques codons ou encore de dizaines de milliers de codons. À leur tour, les gènes sont regroupés dans un ensemble appelé chromosome. Un chromosome peut contenir quelques gènes ou quelques milliers de gènes. Finalement, on appelle génome la totalité des gènes d'un organisme, c'est-à-dire la totalité du code génétique qui émet toutes les directives voulues pour créer et maintenir toute vie possible.

L'ADN porte nos empreintes ancestrales et culturelles, ainsi que les codes déterminant la couleur de la peau, la couleur des yeux, le type sanguin, la grandeur, la couleur des cheveux et tous les traits humains que l'on puisse concevoir. Il crée des empreintes digitales différentes pour chaque personne et il est responsable non seulement de notre capacité d'accomplir des prouesses, mais aussi de nos maladies ou de nos malformations congénitales.

Il suffit de songer au fait que nos ordinateurs super puissants fonctionnent sur une base binaire en alternant uniquement deux chiffres (ou « lettres »), soit 0 et 1, pour imaginer quelle puissance peut receler notre ADN, puisqu'il fonctionne sur une base quaternaire (les quatre lettres A, T, G et C) ! C'est dire que nous portons en nous, dans le matériel génétique de chacune de nos cellules, une banque de données aux proportions extraordinaires, quasi inimaginables.

Le 12 février 2001, la communauté scientifique mondiale publiait la carte du génome humain et annonçait que notre code génétique comporte entre 30 000 et 40 000 gènes. Les données scientifiques concernant le génome sont encore incertaines et risquent de changer encore plusieurs fois avant qu'on obtienne un portrait un tant soit peu « définitif » de notre code génétique. Au mois de juillet suivant, on annonçait qu'il y avait eu un malentendu et qu'on comptait maintenant dans le code génétique humain entre 50 000 et 100 000 gènes. Cela s'explique par le fait que définir avec précision le génome humain équivaudrait à dresser une carte topographique du territoire allant de New York à Los Angeles en y dessinant chaque petit ruisseau. Devant cette tâche herculéenne, la communauté scientifique a décidé de procéder en adoptant une perspective moins pointilleuse. Au lieu de dresser une carte aussi détaillée, la recherche a plutôt visé à produire l'équivalent d'une photo prise d'un satellite.

La « révolution du génome » suscite de grands espoirs pour les victimes de maladies dites génétiques et, même si la cartographie du génome est loin d'être terminée, elle nous fournit des informations précieuses à bien des égards. On sait maintenant qu'un chromosome peut contenir plus de 5 000 gènes et qu'un gène peut contenir des dizaines ou même des centaines de milliers de codons. Par exemple, une équipe de spécialistes de l'Hôpital de Toronto a découvert un gène dont la composition chimique, exprimée au moyen des lettres A, T, G et C (acides nucléiques) est tellement longue que, si elle était imprimée, elle couvrirait toute la longueur d'un corridor de l'hôpital. Aux yeux de ces chercheurs, la taille impressionnante de ce gène n'est guère étonnante : ils pensent qu'il s'agit des codons du gène qui comprendrait la structure du cerveau humain. Le nombre de codons de ce gène pourrait bien se chiffrer dans les 100 000, ou même plus.

L'ADN superflu

Il est un autre fait, très significatif pour notre propos dans ce livre, que la diffusion des résultats de recherche sur le génome humain nous apprend : les biologistes ayant travaillé sur le génome humain n'ont défini que 3 % de notre code génétique. Trois pour cent seulement!!! Selon les scientifiques, il existe un certain nombre d'agencements de gènes qui sont actifs dans notre code génétique et d'autres qui sont latents. Notre patrimoine génétique contient de vastes étendues quasi désertiques entre les gènes ainsi qu'à l'intérieur même des gènes.

Cela signifie que la science ignore à quoi correspond 97 % de notre code génétique ! Cette partie de l'ADN comptant peu de gènes et des gènes principalement regroupés en « lots » est négligée par les scientifiques qui l'ont d'abord appelée **ADN superflu** (en anglais, *junk random DNA* ce qui, traduit littéralement, signifie ADN aléatoire, de pacotille ou inutile). Rappelons qu'il s'agit de 97 % de notre ADN ! Ensuite, cette partie de l'ADN a été rebaptisée « ADN non codé » (*non-coding DNA*). Finalement, comme l'ADN superflu ne produit pas de commandes protéiniques, on l'appelle aussi « ADN non protéique ». En d'autres mots, nous savons très peu de choses de ce vaste « territoire quasi désert » qui constitue 97 % de notre code génétique. Pour certains scientifiques, ces filaments d'ADN ne semblent avoir ni logique précise ni information pertinente. Pour les biologistes, cette partie de notre ADN pourrait receler des informations sur les origines de la vie humaine et les secrets de notre histoire.

On voit donc que, pour le moment le rôle que joue l'ADN superflu dans notre programmation génétique reste un mystère que la science ne comprend toujours pas. Or, c'est justement cet ADN superflu qui nous intéresse, car **cette partie latente de l'ADN qui a tant dérouté le monde scientifique est celle qui répond avec aisance à l'intention et à la reprogrammation vibratoire**. Mais avant de passer à l'exploration de l'aspect vibratoire de l'ADN, il est important de mentionner deux autres données scientifiques le concernant.

Tout d'abord, si vous vous rappelez, les quatre paires d'acides nucléiques regroupées trois par trois peuvent former en principe 64 combinaisons ou codons. En réalité, sur 64 codons possibles, on n'en trouve que 20 actifs chez les humains (plus trois autres qui servent de déclencheurs ou d'interrupteurs de codes). En d'autres mots, ce minuscule schéma biologique qu'est l'ADN, invisible à l'oeil nu mais qui détermine toutes les caractéristiques individuelles de chaque être humain sur Terre tout en assurant son unicité (il n'y a pas deux êtres humains identiques), accomplit tout cela avec moins de la moitié des 64 combinaisons possibles avec les quatre lettres A, T, G et C de son « alphabet ». C'est comme écrire tout Shakespeare – ou plutôt, toute la littérature mondiale – avec seulement 10 lettres de notre alphabet. Où sont passées les autres combinaisons ? Pourquoi ne sont-elles pas actives ? La science l'ignore encore.

L'autre point important à mentionner ici, est que des enfants naissent présentement avec un code génétique différent de celui de leurs aînés. Le Dr Berrenda Fox, du Avalon Wellness Centre situé au mont Shasta, en Californie, est parvenue à démontrer par des tests sanguins que certaines personnes avaient développé de nouvelles hélices. De fait, elle travaille actuellement avec trois enfants qui sont nés avec un code génétique à trois (3) hélices (plutôt que deux, comme leurs parents). Ces enfants sont capables de communiquer entre eux par télépathie et sont dotés de facultés psychiques hors de l'ordinaire. Le Dr Fox croit que, sur le plan scientifique, on pourrait parler de mutation biologique. Toutefois, la communauté scientifique n'ose pas en parler publiquement de crainte d'inquiéter la population.

L'ADN originel perdu

Une grande partie de l'histoire humaine reste mystérieuse malgré tous les travaux de nos chercheurs et archéologues. N'est-il pas surprenant que, lorsque l'histoire est enseignée dans les écoles occidentales, l'Antiquité ne commence qu'en Égypte ? Nous ne savons presque rien de la Chine antique, de l'origine (ni des auteurs) des Védas en Inde, des Mayas et des Incas, des aborigènes d'Australie, des indiens d'Amérique ni des peuples des Îles du Pacifique. Que dire des dolmens d'Angleterre, des pistes d'atterrissage célestes du Pérou et des civilisations disparues telles l'Atlantide et la Lémurie ? Il y a tellement de mystères non élucidés dans notre histoire. Il manque tellement de morceaux au casse-tête qu'il est facile d'imaginer qu'il en est de même pour l'histoire de notre génétique.

Au cours de ma vie, j'ai vécu dans des ashrams et médité jusqu'à cinq heures par jour, mais j'avais toujours le sentiment que je tournais en rond. Ensuite, j'ai travaillé sans répit pour défaire les programmations acquises durant mon enfance, jusqu'à ce que je puisse comprendre mes mécanismes de défense automatisés. Malgré tout cela, j'étais consciente que nous répétions toujours le même pèlerinage vers la connaissance de soi et je n'arrivais pas à me faire à l'idée que nous étions condamnés à constamment « réinventer la roue ».

Puis, en 1993, j'ai lu *Les messagers de l'aube* de Barbara Marciniak. Elle était la première à mentionner l'existence de ces anciens programmes génétiques désamorcés et, selon elle, l'heure était venue pour que ces programmes se réactivent d'eux-mêmes.

C'était un message nouveau, une avenue non explorée qui ouvrait enfin devant moi une perspective nouvelle. J'ai senti que c'était vrai, que notre code génétique avait été manipulé, mais que grâce au réveil de l'ADN dans l'état d'amour et au-delà de la dualité, nous allions pouvoir avancer vers du nouveau. En fait, j'ai toujours pensé qu'il devait y avoir un cadeau extraordinaire pour compenser la quantité de courage exigée par l'expérience humaine. C'est comme si une partie de moi se souvenait d'une période où nous vivions conformément à notre potentiel optimal, guidés de l'intérieur par un code génétique fonctionnel.

Cette conviction vivait en moi, même quand j'étais très jeune. Je me souviens d'un incident qui s'est produit au moment où je fréquentais l'école secondaire. Ma professeure insistait sur le fait que le bonheur n'existe pas et j'avais eu une longue discussion avec elle à propos du mot « bonheur ». J'avais 15 ans et j'étais convaincue que si le mot existait, l'expérience qu'il désignait devait avoir déjà existé. J'ignorais à ce moment-là que j'allais un jour entreprendre une très longue quête pour prouver ce que j'avançais, quête qui allait m'entraîner vers la découverte d'un programme génétique parfait qui semble avoir été manipulé au cours de notre « évolution », dans les replis mystérieux de cette large partie de notre histoire qui nous reste inconnue.

Les hélices de notre ADN

Tout indique que nous avons perdu l'ordre du plan originel à l'intérieur de notre ADN. Je crois que cet ADN initial était parfait, adéquat, puissant et fonctionnel, et qu'il contenait les codes parfaits pour la santé totale, l'adaptabilité complète et le contentement nécessaire pour notre incarnation terrestre. Or, un grand nombre d'individus s'intéressant à la génétique croient que l'ADN superflu contient les données du plan originel de notre code génétique avant qu'il n'ait été altéré et n'ait subi des mutations, ce qui ouvre la porte à de nombreuses spéculations.

Le fait que des enfants naissent avec trois hélices rejoint les affirmations de Barbara Marciniak et concorde avec une information vérifiée et revérifiée par un grand nombre de clairvoyants, information également canalisée à plus d'une reprise : notre ADN originel avait une structure comportant au moins 12 hélices plutôt que deux et les 10 hélices disparues sont actuellement en train de se réactiver, sinon physiquement, du moins sur le plan vibratoire, chez un pourcentage grandissant de la population.

Avec nos deux hélices de base (physiques), nous sommes limités et condamnés à vivre dans le monde de la dualité. Nous verrons dans ce qui suit que tout est en place pour que nous activions de façon vibratoire les hélices de notre ADN qui ont été désactivées. Je suis persuadée que l'ADN superflu renferme la mémoire de nos hélices désactivées et que les codes nécessaires pour les « rebrancher selon le plan originel » y sont dispersés. Nous devons donc élargir le cadre de référence avec lequel nous abordons l'ADN et travailler à partir du principe que ces hélices peuvent être réassemblées, réactivées et reprogrammées par NOUS. Je crois aussi que la réactivation des autres hélices nous permettra enfin d'être NOUS, dans toute notre magnificence. D'ailleurs, j'ai déjà lu quelque part que si seulement un faible pourcentage de la population mondiale réactivait toutes ses hélices, la race humaine entière connaîtrait l'ascension !

La 13e hélice

Plusieurs sources soutiennent que la configuration originelle de notre ADN comptait 12 hélices. J'ai d'abord travaillé à partir de ce concept jusqu'au passage de l'an 2000. Le soir du 31 décembre 1999, alors que nous étions trois à méditer sur le treizième chakra – celui qui nous lie avec la noirceur – j'ai découvert qu'il y avait aussi une 13e hélice ! Cette 13e hélice forme comme une enveloppe, en forme de 8, superposée aux 12 premières hélices.

À la suite de cette méditation du Nouvel An, j'ai aussi compris que le 13e chakra/hélice n'a ni forme, ni couleur (il est noir), qu'il connecte notre être avec un « espace neutre » et qu'il circule à travers tous les autres chakras et toutes les hélices. La 13e hélice a pour effet d'ancrer le rebranchement des hélices dans le corps physique, ce qui permet de faire circuler l'énergie librement entre les 12 hélices, leurs chakras et le corps physique.

C'est en incorporant ce 13e chakra/hélice que j'ai vraiment saisi qu'il fallait arrêter de penser de façon binaire. La dualité correspond à une vision dépassée, fondée sur les deux premières hélices. Lorsque nous rebranchons toutes nos hélices et qu'elles sont activées (ce que nous verrons au Chapitre III), il devient de plus en plus difficile de classer les expériences humaines à gauche ou à droite, ou comme bonnes ou mauvaises. Notre compréhension n'est plus linéaire et devient plus circulaire ou globale.

Voilà pourquoi, même si vous avez lu de nombreux textes sur les 12 hélices de notre ADN, je vous invite à modifier votre terminologie et à utiliser dorénavant le concept et l'amplitude de la 13e hélice. Pour visualiser les 12 hélices et la 13e, imaginez la double spirale de l'ADN formée des deux brins ou hélices physiques. Imaginez ensuite que l'ADN va en s'élargissant à mesure que s'ajoutent aux deux premières hélices, de part et d'autre, dix autres brins vibratoires (ils ne peuvent pas encore être observés en laboratoire). Finalement, imaginez que ces 12 hélices soient elles-mêmes complètement encloses dans une enveloppe en forme de 8 – la 13e hélice. Vous aurez alors l'image de l'ADN à 13 hélices. Pour vous aider à le visualiser, je vous invite à examiner l'illustration à la page suivante. Vous y remarquerez d'ailleurs qu'il existe un lien entre les chakras et les hélices.

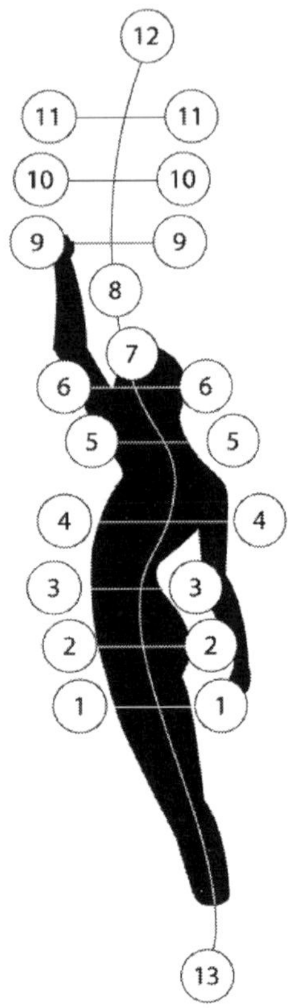

Schéma des treize chakras

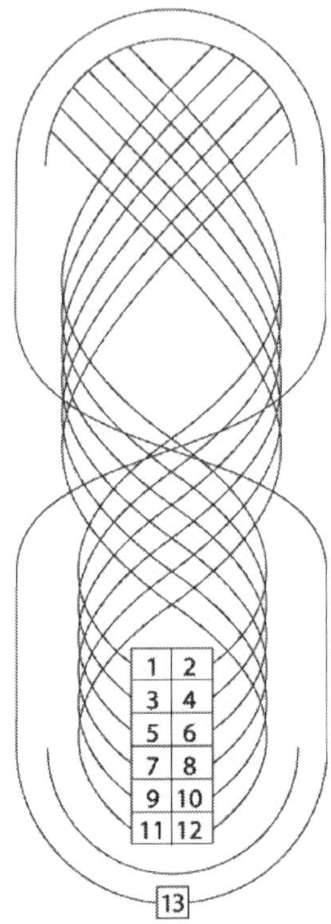

Schéma des douze hélices qui se superposent et qui sont entourées en forme de 8 par la 13e hélice.

Maintenant que nous avons élaboré un peu sur la 13e hélice, permettez-moi de vous présenter une définition des 12 autres hélices. Les définitions que vous trouverez au tableau de la page suivante ne constituent pas un lexique immuable. Nous n'en sommes qu'aux débuts de la reconstruction de notre ADN et je suis certaine que, d'ici quelques années, nous aurons bien d'autres éléments à y ajouter.

TABLEAU DES HÉLICES

Hélice 1	1er chakra	*physique, survie*
Hélice 2	2e chakra	*physique, créativité, pouvoir et sexualité*
Hélice 3	3e chakra	*clairvoyance (perception intuitive), pouvoir et volonté*
Hélice 4	4e chakra	*chakra du cœur, le centre de la compassion et du sentiment d'être uni à toutes choses, capacité du corps de vibrer sur les treize hélices* = alignement *électrique*
Hélice 5	5e chakra	*la parole, alignement magnétique – le corps s'aligne sur les hélices, liberté dans la création*
Hélice 6	6e chakra	*vision, corps subtil – connexion des corps subtils aux treize hélices, discernement*
Hélice 7	7e chakra	*ouvre à la connaissance du fait que notre identité va au-delà de la forme physique – esprit/matière*
Hélice 8	8e chakra	*couleurs, connexion avec toute la terre, cause originelle. Cette huitième et toutes les autres qui suivent se situent en dehors du corps physique.*
Hélice 9	9e chakra	*formes géométriques de l'univers, connexion avec les planètes et les astéroïdes, équilibre*
Hélice 10	10e chakra	*sons de l'univers, union, connexion avec notre univers, l'Âme centrale, le système solaire, unité*
Hélice 11	11e chakra	*interaction, interdimentionnel – autre univers (le void et la grille cosmique)*
Hélice 12	12e chakra	*savoir de façon irrévocable que nous sommes des êtres ayant un code complet – se sentir comblé et en paix à propos de notre véritable identité, connexion avec la source*
Hélice 13	13e chakra	*ancre la reconnexion dans le corps physique; fait circuler librement l'énergie entre les 13 hélices et le corps, et de cette manière, parvenir à cohabiter deux espaces à la fois et obtenir une fusion entre le moi terrestre et le moi céleste*

À l'aube du XXIe siècle, en même temps que nous découvrons à quel point il est facile de modifier un trait génétique avant même que l'embryon n'ait donné lieu à un fœtus, tout est propice sur notre planète pour qu'une réactivation génétique s'amorce à l'intérieur de nous. En effet, la force du champ électromagnétique de la planète diminue constamment tandis que la fréquence de la Terre augmente. Ce sont là les conditions parfaites pour augmenter la fréquence vibratoire des humains et cette augmentation de la fréquence contribue à l'activation de nos hélices originelles.

Je n'invente rien en faisant ces affirmations, car de nombreuses personnes sur la planète, sans même s'en parler, font la même analyse et arrivent parallèlement aux mêmes conclusions. Pour une fois, dans l'histoire de l'humanité, nous parlons le même langage fluide dont les règles tiennent compte du concept quantique qui stipule que la matière n'est pas immuable.

Grâce aux changements planétaires, aux variations des forces électromagnétiques, aux tempêtes solaires, nous vivons donc présentement un revirement énergétique majeur. C'est le « chaos » dont je parlais dans l'introduction qui nous permettra de remodeler notre réalité. Il nous indique que nous possédons actuellement les informations, la compréhension et la confiance nécessaires pour exécuter la tâche qui nous incombe de réveiller les hélices désactivées de notre ADN, dont les vestiges et les programmes sommeillent au cœur de l'ADN superflu. Mieux encore, il agit comme un signal amorçant le rebranchement de nos treize hélices et l'activation des codes cachés dans notre ADN superflu, que nous attendions depuis des siècles. Ainsi, même si nous sommes assis tranquillement dans notre appartement, dans la banlieue d'une métropole, et que nos intérêts nous portent vers des sujets plus banals, nos hélices se rebranchent à notre insu, sans que le sujet de l'ADN soit jamais abordé. Nous ne nous en rendons même pas compte. Mais je devance mon propos. J'y reviendrai. Il me reste à vous parler, avant de clore ce chapitre, du principe du 100e singe et de ses conséquences pour nous.

Le 100e singe

Une des choses qui soulèvent le plus mon enthousiasme dans mon travail sur l'ADN, c'est que la reprogrammation, la restructuration que nous allons amorcer et le réveil conscient de nos hélices aura inévitablement des effets sur l'ensemble de l'humanité. Tous ceux qui s'impliqueront activement à reprendre possession de leur code génétique en reprogrammant leur ADN contribueront directement à l'évolution des humains et de toutes les personnes qui font partie de leur vie.

En effet, en vertu du principe du 100e singe, chaque fois qu'une personne réorganise et reprogramme une section de son ADN, ce processus sert à la race au complet. La théorie du 100e singe découle de l'observation d'une colonie de singes vivant sur une île. En 1952, des chercheurs ont distribué des pommes de terre sucrées sur le sable de l'île de Koshima au Japon. Une femelle adulte découvrit un jour qu'elle pouvait manger ses pommes de terre sans le désagrément du sable qui y était collé, simplement en la lavant dans l'eau. Cette femelle montra le truc à ses proches, qui firent de même avec leurs proches et, graduellement, toute la colonie était en train d'apprendre la technique consistant à « laver les pommes de terre ». Or, un phénomène étrange se produisit. Disons que 99 singes avaient appris la technique, une fois que le 100e singe de cette île eut appris comment laver les pommes de terre, tous les autres le surent. Mieux encore, les scientifiques eurent la surprise de constater que les membres d'autres colonies de singes vivant très loin de là sur d'autres îles et même d'autres continents – et par conséquent, sans aucun contact possible – se mettaient eux aussi à laver leurs pommes de terre ! La théorie du 100e singe est issue de la tentative d'expliquer ce phénomène et on peut la résumer de la façon suivante : une fois qu'une connaissance a été développée et intégrée par une masse critique de sujets, cette connaissance devient accessible à l'ensemble de la race.

En d'autres mots, chaque fois qu'un petit coin du grand plan est déblayé, il devient disponible pour la collectivité et il n'est plus besoin de faire oeuvre de pionnier pour y avoir accès. La théorie du 100e singe a aussi été utilisée pour expliquer pourquoi il arrive souvent que des découvertes importantes se fassent en même temps à deux endroits différents, sans contact concret entre les « inventeurs ».

Pour nous, le principe du 100e singe signifie que chaque personne qui travaille sur son ADN contribue à former la masse critique qui permettra à l'ensemble de l'humanité d'accéder finalement aux codes génétiques enfouis et éparpillés dans l'ADN superflu. Chaque fois qu'une personne s'implique dans la reprogrammation de son code génétique, elle avertit en même temps les autres de leur potentiel de reprogrammation. Chaque fois qu'une personne réactive des programmes perdus, elle devient une station de retransmission pour son environnement et avertit énergétiquement l'ADN de son entourage de la possibilité de se recoder. Chaque fois que l'un d'entre nous examine une section de son propre ADN, se pose les questions appropriées et remet de l'ordre dans un territoire donné de son code génétique, ce travail devient accessible à la collectivité tout entière. Chaque fois, cette personne émet ou transmet magnétiquement une nouvelle fréquence dans l'environnement et informe les autres de l'ordre du processus impliqué dans la reprogrammation du code génétique. Et, bien entendu, viendra un moment où nous atteindrons le seuil du 100e singe. À ce moment, c'est l'ensemble de l'humanité qui recevra l'information nouvelle. Ce sera un grand jour !

C'est ainsi que le travail d'une seule personne peut faire avancer les choses pour l'ensemble de l'humanité et c'est à la portée de chacun de nous. L'histoire de l'humanité comporte une foule d'événements innovateurs qui ont amélioré notre qualité de vie grâce à l'engagement extraordinaire d'un petit nombre de gens passionnés. Mais cette fois, l'innovation est majeure, fondamentale, car elle concerne tout ce qui détermine notre vie : l'ADN, notre programmation génétique.

Cela signifie que même les personnes qui ne feront aucun effort pour participer à cette grande restructuration en bénéficieront. Pendant qu'elles seront assises devant leur téléviseur à écouter chaque jour les bulletins de nouvelles en se demandant anxieusement où va le monde, nous serons, vous et moi, occupés à nous restructurer et à nous réapproprier notre pouvoir et notre souveraineté sur notre ADN. Nous connaîtrons la joie de reprendre possession consciemment de notre héritage essentiel et nous vivrons une aventure à la fois fascinante, amusante et enrichissante.

Chapitre 2

NOUS SOMMES LE REPROGRAMMEUR DE NOTRE ADN

Depuis la découverte de l'ADN dans les années 50, les scientifiques nous ont convaincus que l'être humain était entièrement déterminé par son code génétique et qu'on n'y pouvait rien. Nous étions programmés, les changements génétiques ne se produisaient que sur de longues périodes, par une lente évolution. Encore aujourd'hui, selon la science orthodoxe, la seule façon d'altérer notre génétique est de procéder mécaniquement (ou dans certains cas biochimiquement) : enlever un gène ici, en remettre un là, en détruire quelques autres par des produits chimiques ou des virus.

La première brèche qui a entamé la certitude scientifique quant à l'impossibilité d'influencer notre génétique par la pensée ou l'esprit a été opérée par les observations de psychiatres sur des individus présentant le « syndrome des personnalités multiples ». Chacune de ces personnalités a un nom différent, une vision du monde différente et un comportement relationnel (et souvent sexuel) différent. Seulement, rappelons-nous que ces trois personnalités alternent dans **le même corps** ! Et que les changements physiologiques se produisent en quelques minutes seulement.

Bien entendu, il est vrai que les programmes génétiques existent et déterminent notre apparence physique, notre biologie, nos aptitudes innées et même une bonne partie de notre psychologie, ainsi que des limitations que nous n'avons pas choisies. Ce qui est moins certain, c'est que nous n'y pouvons rien. Au contraire, la communauté scientifique ne détient pas à elle seule un droit de veto sur le génome humain.

Vous aurez sans doute compris qu'en ce qui concerne l'ADN, il est clair que si nous imaginons l'ADN superflu (c'est-à-dire 97 % de nos gènes et 41 codons sur 64 possibles) comme une partie restreinte, impuissante et inutile de notre ADN, c'est cela qui sera « syntonisé » et la réalité collera à cette image que nous nous en faisons. À l'inverse, si nous parvenons à concevoir une réalité plus vaste, à accéder à un concept temporel plus large en nous rappelant que l'ADN superflu recèle une puissance insoupçonnée, sa réponse sera illimitée. Il suffit de songer à tout ce qui est possible avec seulement 3 % de l'ADN pour comprendre tout le pouvoir qui peut se trouver dans les 97 % restant.

La deuxième brèche pratiquée dans la tour d'ivoire de la science matérialiste a été faite par la physique quantique. Grâce à elle, nous savons maintenant que la matière n'est pas aussi « solide » qu'il n'y paraît, qu'elle est variable et qu'elle interagit avec la réalité tout comme avec le temps. Elle nous apprend en particulier qu'au niveau de l'infiniment petit, la matière n'a plus la même réalité concrète : ce n'est plus de la matière, mais de l'énergie, et la forme (réalité concrète) qu'elle prendra est influencée et même déterminée par l'observateur tout en étant soumise aux lois de la physique.

Les scientifiques ont même remarqué que l'onde de l'ADN peut se modifier selon l'état d'esprit de l'individu. La spirale peut s'allonger ou se recroqueviller, selon que nous sommes en état de faiblesse ou de déprime, ou au contraire, dans un état créatif ou de bonheur. Cela signifie que même la science reconnaît l'influence de nos pensées sur la conformation physique de l'ADN.

Rien de tout cela n'est imaginaire. Nous avons vu que l'ADN est comme un petit moteur électrique sensible au magnétisme. En clair, cela signifie que l'ADN superflu peut répondre à ce que nous commandons, à nos choix et à nos souhaits et à la qualité de notre énergie. Tout notre travail de reprogrammation se fera donc vibratoirement, au niveau de l'ADN superflu, et nos outils seront **l'intention**, la **kinésiologie** (ou une autre méthode de test) et ce que j'appelle l'ingénierie des **protocoles de reprogrammation**. Dans l'aventure à laquelle je vous convie, nous allons gravir, étape par étape, les échelons qui mènent à la reprise de possession de nos codes génétiques et de notre potentiel.

La première chose à faire pour comprendre et savoir comment utiliser **l'intention**, c'est de sortir de la pensée magique et de nos vieilles programmations pour adopter la position de programmeur qui sait se servir de ses doutes et de ses faiblesses comme pôle négatif d'un aimant et de ses nouveaux choix comme pôle positif pour pouvoir magnétiser et commander de nouvelles possibilités. Dans la reprogrammation de l'ADN, nous allons devoir commander de nouveaux programmes et nous le ferons par l'intention au point zéro qui inclut ces deux polarités. L'intention représente une commande émise à voix haute concernant l'état dans lequel nous voulons être. Émettre une intention constitue un acte responsabilisant qui redonne à l'individu le contrôle sur sa vie. L'intention est donc une phrase (une commande) mentionnant un nouveau programme à installer en nous, en incluant sa contrepartie négative inconsciente « par défaut ».

Nos programmations par défaut

Une partie de notre ADN est constituée de nos codes originels perdus, enfouis quelque part dans une zone inexplorée que les scientifiques appellent l'ADN superflu; une autre partie a été programmée de génération en génération par nos aïeux biologiques; et une autre partie a été programmée par nos parents et notre environnement à un âge où nous n'avions que le choix d'accepter ces programmations. Nous avons été programmés, le plus souvent inconsciemment, par nos expériences du passé. Ce sont nos programmations *inconscientes* par défaut auxquelles nous avons tendance à retourner tout naturellement.

Pour expliquer ce que j'entends par « programmation par défaut », j'utiliserai l'analogie avec les systèmes d'exploitation de nos ordinateurs, car l'ADN, autant que ces systèmes d'exploitation, est constitué d'un ensemble de programmes.

Actuellement, 90 % des micro-ordinateurs fonctionnent avec un système d'exploitation appelé Windows, développé et commercialisé par Microsoft. Windows est préinstallé dans nos ordinateurs lorsque nous les achetons et offre une foule d'options géniales installées par défaut. Ce système fonctionne depuis si longtemps que presque toute notre correspondance par courriel utilise la même typographie. Nous avons même tendance à penser qu'un micro-ordinateur qui n'affiche pas le logo de Windows au démarrage n'est pas un bon micro-ordinateur, n'est pas un « vrai » micro-ordinateur et qu'il sera inadapté pour nos besoins. Parce que Windows est installé par défaut, parce que ses options ou paramètres sont définis par défaut, beaucoup sont convaincus que Windows est le seul système d'exploitation compatible avec nos logiciels. Or, il y a quelques années, des programmeurs indépendants ont décidé de défier Microsoft. Ils ont développé un autre système d'exploitation appelé Linux et ils l'ont offert gratuitement. Pourtant, Linux est très peu répandu. Pourquoi ? Parce que nous choisissons constamment un système d'exploitation « par défaut » même s'il est souvent instable, « bogué », complexe et qu'il coûte cher. C'est un peu la même chose avec l'ADN. Notre ADN est « bogué », mais nous continuons de choisir nos programmations par défaut.

Dans notre enfance, notre milieu a installé en nous des programmes qui nous ont semblé aussi parfaits que Windows puisqu'ils venaient de l'autorité parentale (Microsoft). Aussi, nos programmations par défaut acquises proviennent-elles le plus souvent de l'enfance. Une personne qui, par exemple, a appris dans son enfance que pour être aimée, elle devait rester silencieuse et ne pas faire trop de bruit, aura tendance, chaque fois qu'elle sentira le besoin d'être aimée, à choisir automatiquement le « mode silencieux », parce que tel est son programme par défaut. Elle achète Windows plutôt que Linux, sans même y penser. C'est un choix par défaut plutôt qu'un choix conscient.

Le cerveau et les programmes d'un enfant sont facilement influençables et manipulables (ou programmables) car l'enfant tente d'imiter ses parents et son entourage afin d'obtenir un sentiment d'appartenance. Cette capacité d'imitation est d'ailleurs ce qui nous a permis, entre autres, l'apprentissage de notre langue maternelle. Pour être aimés, nous avons tous choisi des programmes qui, de notre point de vue d'enfant, nous semblaient adéquats. Le problème survient à l'âge adulte, car ces programmations bien installées et même inscrites dans notre code génétique se perpétuent inconsciemment par défaut.

Pour sortir de nos programmes inconscients par défaut, nous devons faire des choix conscients plutôt que de nous soumettre à nos choix par défaut. C'est-à-dire travailler avec des intentions conscientes plutôt que des intentions par défaut. L'intention consciente, c'est l'équivalent d'aller dans le panneau de configuration de notre ordinateur et de choisir des paramètres différents de ceux qui y étaient installés par défaut. En d'autres mots, nous devons devenir semblables à ces programmeurs indépendants qui ont créé Linux, et créer de nouveaux programmes dans notre ADN.

La pensée magique

Une des raisons pour lesquelles nous laissons nos intentions par défaut nous mener est la pensée magique – l'habitude de laisser passer les choses, de ne pas en faire de cas, en se disant que le temps arrangera bien les choses. La pensée magique, c'est croire qu'un jour tout va être correct. Que tout va arriver sans que je n'aie rien à transformer en moi. Que je vais gagner le million ou que tout à coup le monde va découvrir que je suis une artiste de talent. Bref, c'est croire que les choses que je souhaite vont se produire comme par magie.

La première fois que j'ai entendu cette expression « pensée magique », j'ai dû vraiment m'arrêter et me regarder sans jugement pour saisir ce que cela signifiait dans ma vie. Et je me suis rendu compte que j'espérais qu'un jour, dans un futur hypothétique, par une chimie quelconque, j'aurais une vie qui me comblerait. Je n'avais pas encore compris que j'allais devoir m'atteler à la tâche et rester présente à mes vulnérabilités plutôt que de les ignorer en espérant que tout allait finir par s'arranger. Il m'a fallu bien des déboires pour enfin devenir responsable de la réalité dans laquelle je vivais.

Dans les années 1980-1990, la pensée magique est apparue sous la forme des affirmations. Nous pensions qu'il suffisait de faire une affirmation (« Je vais de mieux en mieux chaque jour » est la plus classique) pour que notre réalité s'y conforme et change. J'ai beaucoup utilisé les affirmations, mais j'ai dû admettre que cette technique n'avait pas d'emprise réelle sur les embûches que j'affrontais au quotidien. Aux prises avec les dilemmes de la vie courante et les contraintes de la troisième dimension, les affirmations me procuraient plus de frustration que de plaisir. Pourtant, ces affirmations sont des intentions, des commandes, n'est-ce pas ?

La pensée magique nous convainc que tout devrait être simple et elle a pour résultat que nous nous décourageons lorsque ça ne l'est pas. C'est elle qui se cache dans cette phrase que l'on entend souvent en thérapie : « Pas encore ça ! Je croyais que c'était réglé et que j'en avais fini avec ça. »

Lorsque nous espérons voir disparaître notre inconfort « comme par magie », nous abdiquons notre rôle de programmeur, notre pouvoir sur notre réalité. Pourtant, la vie nous demande de nous impliquer dans notre évolution. Elle veut que nous soyons des créateurs imaginatifs travaillant et cocréant avec une *intention consciente*, tout en donnant la place qui leur revient à nos souffrances. Toute la clé est là. Elle se retrouve dans les mots « tout en donnant la place qui leur revient à nos souffrances ». Il m'a fallu plusieurs années pour comprendre que j'avais des programmes par défaut qui annulaient l'effet de mes affirmations parce que je niais mes souffrances et ma vulnérabilité. Parce que, en d'autres mots, je niais mon humanité, ma dualité.

La vulnérabilité

Pour créer une intention consciente qui sera agissante, il faut d'abord identifier notre souffrance, notre vulnérabilité, c'est-à-dire l'état dans lequel nous avons le plus tendance à choisir nos anciens programmes et, ensuite, l'inclure dans la formulation de l'intention. Notre contact avec l'Essence, notre contact avec l'intuition et notre connexion avec notre ADN se résument à savoir lire un inconfort, puis simplement à y installer un nouveau programme par le biais de l'intention.

Notre vulnérabilité se manifeste de diverses façons. Voici une courte liste de quelques signes indiquant que nous sommes dans une zone de vulnérabilité.

- Se sentir à l'étroit dans le cadre où nous évoluons (un groupe de travail, une relation amoureuse, etc.);
- les « il faut que », le sentiment du devoir;
- la comparaison, c'est-à-dire se sentir supérieur ou inférieur à...;
- les « Que faire ? Quand le faire ? Où aller ? », c'est-à-dire le doute intérieur;
- les palpitations cardiaques, la respiration courte, les réactions physiologiques limitatives;
- la rumination mentale, l'incapacité de lâcher prise;
- les « je ne suis pas correct », « que je suis donc sot », « je n'y arrive pas du tout », soit le non-Amour de soi;
- certains malaises physiques ou émotifs qui nous ramènent dans le passé ou nous propulsent vers l'avenir;
- toute réaction ou comportement dépassé, qui ne colle pas à la réalité présente et qui se reproduit de manière inconsciente (peur que les clients ne soient pas satisfaits, peur de ne pas paraître intelligent, peur de subir des reproches même quand on ne fait rien, peur de...).

Les souffrances passées tout comme les joies passées vivent et cohabitent à l'intérieur de nous. Les deux ont leur place et ni les unes ni les autres ne doivent être éclipsées. Ce qui doit finir n'est donc pas la souffrance, mais l'évitement ou le rejet de la souffrance. Certains pensent qu'il faut guérir les anciennes programmations pour éviter d'être dans la souffrance, mais en réalité, l'accompagnement de la souffrance s'avère davantage bénéfique pour la totalité de notre être. Il s'agit de lui laisser son propre espace et de s'en servir pour faire de nouveaux choix. Ce que nous voulons faire disparaître, c'est le contrôle que cette vulnérabilité, ces souffrances du passé exercent inconsciemment sur notre présent. En d'autres mots, nous voulons désamorcer les programmes par défaut et non faire disparaître la vulnérabilité et les souffrances qui les ont installés.

Ce point est très important. Pour pouvoir réellement créer des intentions efficaces qui agiront sur l'ADN superflu, nous devons d'abord être en mesure de rester présent à notre partie vulnérable. De plus, ceci présuppose de l'accueillir et de rester présent dans notre corps plutôt que de l'éviter par des mécanismes de fuite. Nous avons tendance, en période d'inconfort, à nous dissocier de notre corps. Ce mécanisme de fuite s'apprend dans l'enfance, car à cette période de notre vie nous ne sommes pas très solidement liés au corps et il est facile de « sortir de notre corps ». Cependant, une fois adulte, nous ne pouvons pas être présents à notre vulnérabilité si nous sommes dissociés de notre corps.

Passer du temps avec notre partie vulnérable, celle qui transporte avec elle tout un aspect d'impuissance, ne signifie pas que nous ne ferons que ça et rien d'autre, que notre réalité sera imprégnée d'une impuissance continuelle. Cela signifie que nous serons en contact avec tous les aspects de nous-même et qu'il nous faudra intégrer la vision d'une intention centrale au centre de nous-même. Si je ne suis pas en contact avec ma partie vulnérable, c'est elle qui commande par les programmations par défaut qu'elle m'impose. Si je suis en contact avec elle, c'est moi qui commande puisque je peux entamer un dialogue avec elle et définir en même temps une nouvelle réalité pour moi-même. Par exemple, je peux ainsi dire à cette partie vulnérable de moi-même : « je vais passer du temps avec toi, je vais rester avec toi » et, parallèlement, « *je choisis* de vivre dans ma puissance *même si* j'ai une partie de moi qui souffre ». Le simple fait de formuler une intention qui inclut ma vulnérabilité (*même si* j'ai une partie de moi qui souffre) me donne le droit de faire autre chose que de subir mes programmations par défaut, de choisir de vivre dans ma puissance. En d'autres mots, j'utilise ma vulnérabilité pour créer plutôt que de la laisser me limiter. Ce faisant, elle devient une richesse dans la vie.

Ce qui précède illustre bien le fait que notre « salut », notre véritable pouvoir, passe par l'acceptation de notre humanité et non par son rejet. Nous avons tendance à magnifier notre côté spirituel et à nous dire « je ne suis beau que lorsque je suis dans mon aspect lumineux ». La vraie beauté, le vrai pouvoir viennent de l'équilibre entre notre lumière et notre ombre, celle-ci étant notre côté plus fragile et vulnérable.

Reconnaître la dualité dans l'intention

Tout comme l'action d'un aimant réside dans le fait qu'il possède deux pôles, un positif et un négatif, l'efficacité de nos intentions ou commandes exige que nous y insérions les deux pôles de notre dualité, les deux aspects de l'équation. Par exemple, dire « Je choisis de rebrancher mes 13 hélices » ne devient une intention puissante que lorsque j'y ajoute « *même si* je ne sais pas comment (ou *même si* je me sens impuissant, etc.) ». Inclure les deux pôles a pour effet de magnétiser l'intention consciente et de la rendre agissante et efficace.

Intégrer la dualité dans la formulation d'une intention permet aussi de l'ancrer dans le quotidien. Si je suis capable de rester présente à l'inconfort sans vouloir le faire disparaître, juste pour l'apprivoiser et le connaître, cela me donnera les outils dont j'ai besoin pour l'utiliser comme pôle négatif lorsque je formulerai mon intention. En utilisant ma vulnérabilité comme pôle négatif de mon intention, je l'inclus sans la juger négativement. Je me libère d'un mode de pensée polarisé et j'entre dans un processus qui n'est plus linéaire, mais « circulaire » ou global, qui s'apparente à la dimension quantique.

Voici un autre exemple d'intention incluant la dualité : « *Même si* je panique à cause du souper d'anniversaire de mon oncle (polarité négative), *je choisis* que ce soit facile et aisé (polarité positive) ». Remarquez l'usage des deux termes « je choisis » (polarité positive) et « même si » (polarité négative). C'est de cette façon que l'on bâtit des intentions conscientes efficaces. « Je choisis... même si... » sont les mots clefs de la technique de l'intention consciente. Avec la méthode du *Je choisis... même si...*, l'intention « colle » comme un aimant sur la porte du réfrigérateur. L'énoncé qui suit le *même si* exprime la vulnérabilité, le programme par défaut que nous souhaitons remplacer, tandis que l'énoncé qui suit le *je choisis* exprime le nouveau programme que nous souhaitons installer. Si vous adoptez cette formulation pour vos intentions, vous serez certain d'y inclure la dualité et de produire des intentions agissantes, avec des effets observables dans votre vie de tous les jours.

Cette formulation est aussi, à mon avis, la seule façon de parvenir à s'aimer dans tout ce qu'on est. Il est évident qu'il est difficile de s'aimer dans nos vulnérabilités, nos souffrances ou nos faiblesses. Mais l'intention qui inclut la dualité nous permet d'y arriver : « *Je choisis* de m'aimer *même si* l'événement que je vis me déplaît ». Voilà pourquoi il est si important de rester présents à nos vulnérabilités et comment nous pouvons les utiliser pour créer une nouvelle réalité dans notre vie. Si nous prenons le temps de bien définir le nouveau programme que nous voulons installer, nous arriverons à vivre avec notre noirceur dans un nouveau paradigme, en dehors des restrictions de la dualité que nous imposent nos deux hélices physiques.

Quand j'ai commencé à me servir de cette technique, je me suis entraînée sur de petites choses simples et fréquentes, comme le trajet en auto où *je choisissais* d'avoir le sentiment d'arriver à destination, fraîche et dispose, *même si* le trajet m'ennuyait. J'ai observé que les choses se mettaient à changer pour le mieux. Prenons l'exemple du moment où j'ai dû retourner un vêtement au magasin sans le fameux reçu de caisse. J'ai simplement émis l'intention avant d'y entrer que ce soit facile et aisé *même si* je n'y croyais pas du tout. Et voilà que la vendeuse acquiesce à ma demande sans problèmes ! Ou quand je me suis réveillée en pleine nuit froide de février avec les premiers signes de la grippe, j'ai immédiatement émis l'intention suivante : « *Je choisis* d'être en santé *même si* je n'ai pas confiance en mon corps ». J'ai eu une montée de fièvre immédiate qui a duré quelques minutes, puis tous les symptômes ont disparu. Lorsque, quelques semaines plus tard, les symptômes sont revenus, *j'ai choisi* que j'allais encore une fois arrêter la grippe par le biais de l'intention *même si* je ne croyais pas que je pouvais le faire deux fois de suite. Ça a marché !

J'ai acquis en faisant cela une plus grande confiance en moi et j'ai cessé de me sentir impuissante. Mon âme a réappris qu'elle avait du pouvoir et qu'elle pouvait agir malgré la variété des défis de la vie sur cette planète. Et j'ai compris que le bonheur et le bien-être sont le résultat de nos intentions conscientes.

Si vous ne savez pas trop comment construire vos intentions, si vous êtes dans le doute, ou si vous ne savez pas quelle intention utiliser, en voici quelques-unes qui m'ont été très utiles et que vous pourrez adapter à votre propre situation pour qu'elles deviennent vos nouvelles intentions par défaut :

- « *Je choisis* de m'aimer *même si* je ne m'aime pas. »
- « *Je choisis* que cela soit facile et aisé *même si* je n'ai jamais fait cela (ou *même si* je n'ai aucune expérience en ce domaine). »
- « *Je choisis* d'être heureux *même si* je ne sais pas comment. »
- « *Je choisis* de faire confiance à mon corps *même si* je suis malade. »
- « *Je choisis* d'être confiant en mes capacités *même si* je ne suis pas sûr de moi. »

L'état est plus fort que la forme

L'intimité des relations affectives est souvent un milieu très favorable pour pratiquer l'intention consciente. Imaginez cette scène : mon conjoint a un programme par défaut qui le fait se sentir impuissant chaque fois que je suis dans mon pouvoir créatif. Son sentiment d'impuissance déclenche chez moi en réaction un autre programme inconscient par défaut : ma culpabilité face à mon pouvoir créatif à cause duquel je me sens inconfortable en sa compagnie dans ces moments-là, ce qui me rend agressive. Au lieu de réagir en critiquant mon conjoint, ce qui ne règle rien du tout, je travaille avec l'intention consciente et je dis « *Je choisis* que, lorsque je suis dans mon pouvoir créatif, toutes les personnes autour de moi peuvent en bénéficier *même si* lorsque j'étais petite dans une famille nombreuse, j'ai eu de la difficulté à prendre ma place en restant douce et harmonieuse. » Le problème disparaît ! De même, s'il surgit une difficulté (ou une rupture) de communication, je peux formuler une intention telle que : « *Je choisis* de communiquer facilement et aisément quand je suis dans l'intimité, *même si* je ne sais pas comment (ou *même si* j'ai de la difficulté à m'exprimer parce que mon père était très autoritaire, ou...) ».

À force de me servir de l'intention dans le quotidien, j'ai compris deux règles que j'applique constamment et qui renforcent encore plus mes intentions : l'état et le respect d'autrui. La première, c'est qu'une fois l'intention formulée, il faut laisser aller la forme par laquelle l'état souhaité se manifestera. Sinon, nous perdrons beaucoup d'énergie à essayer d'inventer la forme au lieu d'accueillir l'état. Travailler avec l'état d'être plutôt qu'avec la forme, nous amène dans un nouveau paradigme, au-delà des limites issues de nos expériences passées. Il va sans dire que pendant que l'on décrit l'état dans lequel on veut vivre, on peut exprimer ses besoins. C'est seulement en ce qui concerne la forme qu'il doit y avoir un lâcher-prise. Par exemple, je pourrais décider que lorsque je vis une expérience intime avec quelqu'un (que je ne décrirai pas en multiples détails !!!) *je choisisse* qu'il soit sur ma fréquence énergétique *même si* je n'y crois pas. Je devrai alors faire confiance au pouvoir de mon intention. Ce pouvoir magnétique attirera vers moi quelqu'un qui me conviendra parfaitement mais qui n'aura pas nécessairement l'apparence ou le genre que j'aurais imaginé.

C'est toute la différence entre dire « *Je choisis* d'être en amour avec une personne riche, célèbre, belle, etc. *même si* je ne la connais pas encore » (accent sur la forme) et dire « *Je choisis* de vivre dans l'état d'amour, *même si* j'ai des obsessions par rapport à l'intimité » (accent sur l'état). Dans le premier cas, l'échec est plus que probable et produira un sentiment de déprime, l'impression d'être victime ou malchanceux. La deuxième formulation oriente plutôt le quotidien sur l'état recherché (l'état d'amour). Chacun sait que lorsqu'on est en manque d'Amour de soi, on n'intéresse personne et qu'à l'inverse, plusieurs « bons partis » se présentent en même temps quand on vient de tomber en amour. C'est tout simplement parce que l'on est déjà dans « l'état » et que l'on a cessé de chercher « la forme » de l'amour.

Le respect d'autrui

La deuxième règle que j'ai comprise, c'est que même en incluant notre dualité et en mettant l'accent sur l'état, utiliser l'intention ne peut se faire que dans le respect d'autrui. C'est pourquoi l'intention ne se formule jamais par rapport à une personne en particulier. Par exemple, au lieu de dire « *Je choisis* que telle personne ne puisse pas m'atteindre *même si* j'ai peur d'elle », il vaut mieux mettre l'accent sur l'état de sécurité : « *Je choisis* de me sentir en sécurité, aimé et respecté *même si* j'ai peur ».

C'est la différence entre établir des frontières saines et créer des murs pour se défendre. Si je formule une intention par rapport à une personne précise, je suis en situation d'autodéfense, de contrôle et d'ingérence. Je ne suis plus dans l'intention pure et je ne respecte plus le libre arbitre d'autrui. Si je reste dans l'intention pure et que j'établis un nouveau programme pour remplacer les anciens, j'établis de nouvelles frontières. Ces frontières sont saines, car elles émanent de ma volonté *par rapport à moi-même* et constituent mes nouveaux choix. Si, au contraire, je crée une intention à l'égard d'une autre personne, je me défends contre elle, ce qui sous-entend dès le départ qu'il y a matière à se défendre alors que ce n'est peut-être qu'une impression due à mes programmations par défaut. Les frontières saines établies par l'intention pure nous évitent d'avoir à nous défendre parce qu'elles sont extrêmement solides. C'est exactement comme dans les arts martiaux : les vrais maîtres des arts martiaux ne se battent presque jamais, parce que l'assurance, la force et la puissance qu'ils rayonnent établissent des frontières que les autres ressentent et ne franchissent pas.

Un de mes amis s'affolait à l'idée de se rendre à une fête familiale. Il craignait que sa présence ne soit pas réellement souhaitée parce que sa mère l'ignorait depuis quelques mois et l'avait rejeté. Les scénarios de rejet et de confrontation se succédaient dans sa tête avec une intensité et une vitesse accablantes. Je l'ai aidé à formuler une intention axée sur l'état et qui ne visait pas sa mère. Il a émis l'intention très simple d'être dans l'état d'amour pendant la fête *même s'*il ne savait pas comment. Grâce à cette intention, il a pu enclencher une nouvelle forme de relation avec sa mère. Elle et lui ont pu partager un doux moment au présent, sans que leurs vieux patterns interfèrent. Lorsqu'il est revenu chez lui, il brillait d'une nouvelle lumière. Il était heureux et serein, sans pour autant avoir l'aspect du vainqueur. J'ai d'ailleurs remarqué, au fil du temps, que repositionner les conflits par l'intention ne produit que des gagnants qui brillent sans ego.

Imaginez-vous maintenant tout ce qu'on peut faire avec l'intention quand on l'utilise pour reprogrammer directement notre ADN en y créant de nouveaux codes ! Autour de moi, les gens qui travaillent sur l'ADN découvrent qu'ils peuvent réellement rétablir leur souveraineté sur leur ADN et parlent aussi de la vitesse surprenante avec laquelle ils obtiennent des résultats.

Maintenant que nous avons bien compris le pouvoir de l'intention au point zéro, qui inclut les deux polarités, il nous faut un autre outil pour pouvoir reprogrammer l'ADN : un moyen de communiquer avec l'intelligence innée en nous.

La kinésiologie et l'intelligence innée

En 1992, j'ai fait une prière au Dieu/Déesse manifesté(e), c'est-à-dire au Corps qui est la forme de Dieu dans la création physique. Depuis déjà 19 ans que je méditais, il me semblait que je savais assez bien comment être en contact avec mon côté spirituel et que je connaissais passablement mes corps émotionnel et mental. Par contre, je ne connaissais presque rien de mon corps physique. Je ne connaissais pas la raison d'un mal de ventre ou d'épaule et toutes les hypothèses étaient bonnes.

J'ai donc demandé à mon Corps de briser le silence. Au début, j'étais convaincue que ces réponses devaient m'arriver dans un état de prière, de méditation ou de canalisation. En d'autres mots, un état réservé aux initiés. Mais voilà, je suis une programmeuse tellement humaine que je gigote en méditation, que je ne suis jamais certaine à qui s'adresse mes prières et, malgré toutes mes tentatives, je n'ai jamais canalisé personne d'autre que moi-même.

Et voilà qu'en réponse à ma prière, j'ai découvert la kinésiologie. C'est grâce à la kinésiologie, tout simplement, que j'ai pu entrer en contact avec mon Corps, avec l'intelligence innée en moi et que j'ai reçu des réponses aussi simples à saisir qu'un oui ou un non. Je me sers toujours aujourd'hui de cet outil pour obtenir les réponses à mes questions. L'intelligence innée, c'est la force vitale qui fait vibrer l'atome. Il y a plus de vide que de matière dans l'atome et c'est dans ce vide que réside l'intelligence innée. C'est elle qui sait reconnaître les aliments irradiés lorsque je fais mon épicerie. C'est elle qui peut me dire qu'il y a des distorsions énergétiques dans mon environnement ou que j'ai capté les émotions de quelqu'un d'autre.

Si vous avez cru que je possédais de grandes révélations et que j'étais capable d'aller au centre de moi grâce à un état de conscience spécial, vous savez maintenant qu'il n'en est rien. Les livres ésotériques affirment à qui mieux mieux que nous avons de grandes richesses intérieures, que nous cherchons en vain à l'extérieur de nous pour trouver la paix et le contentement qui se trouvent déjà à notre portée et que nous pouvons accéder à un état qui nous permettra de profiter de ces richesses. Mais moi, la plupart du temps, lorsque j'essaie de me centrer sur mon moi supérieur et d'aller à l'intérieur de moi de cette façon, je finis par jongler à propos d'incidents stupides qui me sont arrivés dernièrement.

Ma vie spirituelle est liée à l'intelligence innée de mes cellules, avec laquelle je communique à l'aide de la kinésiologie. Et grâce à la kinésiologie, je peux causer quotidiennement avec mon intelligence innée. N'est-ce pas merveilleux ? Je suis convaincue que l'intelligence innée est notre Dieu/Déesse intérieure ou, si vous préférez, le Soi essentiel. Cependant, pour moi, l'élément le plus important n'est pas de savoir si je suis une initiée d'un groupe spirituel sélect, mais bien de pouvoir vivre dans mon quotidien en communiquant avec mon intelligence innée.

J'utilise vraiment la kinésiologie à toutes les sauces. J'ai déjà trouvé à la dernière minute, une heure avant une réception, le fauteuil parfait pour mon salon en me servant de la kinésiologie pour me guider à travers la ville afin de trouver dans quel magasin se trouvait mon fauteuil parfait et où localiser ce magasin. J'ai d'abord testé les différents quartiers de la ville, puis les rues de ce quartier. Mon test indiquait que le fauteuil que je cherchais se trouvait dans un magasin sur la rue Principale; alors je m'y suis rendue. J'ai trouvé le magasin sur la rue Principale, même si je ne savais pas qu'il y en avait un à cet endroit. J'y ai trouvé le fauteuil dont j'avais besoin, de la bonne couleur et il pouvait être livré avant la fête. La copine qui était avec moi et qui avait participé à ce périple m'a dit que cette recherche l'avait inspirée plus que tout ce que j'aurais pu lui dire sur ma connexion avec l'intelligence innée.

J'ai tant d'autres exemples de ce genre ! Que dire de cette fois où j'ai réussi à louer un chalet « parfait » sur la Côte Ouest américaine, sans l'avoir vu, simplement en testant sur Internet celui qui me conviendrait le mieux. Bien entendu, je me sers aussi de la kinésiologie pour trouver des réponses moins terre à terre, comme le nombre de mémoires retenues à propos d'un conflit quelconque ou l'émotion qui est codée en moi depuis l'âge de deux ans à propos de ma sœur...

En tant qu'intuitive médicale, j'entre en contact avec l'intelligence innée du corps par le moyen de la kinésiologie. Cependant, je ne teste pas pour savoir si la réponse musculaire est forte ou faible, comme en kinésiologie traditionnelle. Je teste une réponse musculaire pour obtenir un oui ou un non en réponse à mes questions. Si la réponse musculaire est faible, je la traduis par un « *oui* »; si elle est forte ou en résistance, je la traduis par un « *non* ». Je l'utilise comme un indicateur positif ou négatif qui me fournit les réponses de mon intelligence innée. En d'autres mots, j'ai développé ma propre méthode kinésiologique et je l'ai baptisée « kinésiologie de reprogrammation ». J'enseigne l'intuition médicale et la kinésiologie de reprogrammation pour que mes étudiants apprennent à lire et à reprogrammer leur santé. Ils se servent couramment de cet outil, car il leur permet de communiquer aisément avec leur intelligence innée ou leur code génétique.

C'est cette méthode qui me permet de tester des questions et d'obtenir des réponses pour la reprogrammation de l'ADN. Vous aurez aussi besoin de disposer d'une méthode ou d'un outil de test. Si la kinésiologie de reprogrammation vous intéresse, vous trouverez l'information nécessaire à son apprentissage dans l'Annexe II. Sinon, je vous invite à utiliser l'outil qui vous convient le mieux pour obtenir un « oui » ou un « non » à vos questions, qu'il s'agisse d'un pendule, des rêves, de l'intuition pure, de l'écriture automatique ou de toute autre technique. Peu importe l'outil intuitif avec lequel vous travaillerez à la reprogrammation de votre ADN, assurez-vous qu'il vous procure du plaisir, qu'il soit dans votre zone de confort, mais surtout qu'il puisse vous fournir des réponses claires et précises.

Le pouvoir des bonnes questions

L'intelligence innée recèle des informations en quantité phénoménale et comme elle ne se situe pas dans un fonctionnement linéaire, l'interroger avec une pensée linéaire risque de nous faire passer à côté de trésors. Le pouvoir que renferment les bonnes questions à se poser présentement est mis en évidence par notre désir de trouver à l'intérieur de nous la façon la plus valable de maîtriser notre code génétique.

En toutes circonstances, les réponses reçues dépendent directement des questions posées avec courage. C'est vrai en science, c'est vrai sur le plan social, c'est vrai en spiritualité, c'est vrai en reprogrammation de l'ADN. Pour trouver les bonnes réponses, il faut souvent poser des questions saugrenues. C'est une condition essentielle pour devenir un bon programmeur de l'ADN. Voici un exemple de question saugrenue que je me suis posée : « Est-ce que mon gène paternel du diabète, qui me donne des tendances à l'hypoglycémie, accepterait d'être modifié ? » J'ai obtenu un oui, alors j'ai demandé ensuite : « Est-ce que je peux faire cette modification génétique de façon vibratoire ? » et ainsi de suite. J'ai découvert en pratiquant cette technique que je pouvais accéder au centre de moi-même rapidement, simplement en posant des questions toutes plus saugrenues les unes que les autres à mon intelligence innée. Par exemple : « Y a-t-il une émotion ou une cause physique qui m'empêche de méditer maintenant ? » Ensuite, je continuais à tester pour trouver laquelle.

Les questions saugrenues m'ont permis d'identifier des liens que je n'aurais pas trouvés autrement et qui m'ont amenée à une meilleure compréhension de mes programmes. C'est ce qui fait ma force, car tout réside dans l'art de savoir poser ces bonnes questions et dans l'habitude de faire confiance aux réponses. À titre d'entraînement à la fonction de programmeur de votre ADN, amusez-vous à poser des questions légères et d'autres plus importantes, comme celles qui concernent la reprogrammation de votre ADN. Vous découvrirez un monde d'émerveillement.

Reprogrammer l'ADN

La maîtrise de l'intention est essentielle dans la reprise du pouvoir personnel. Cependant, même après m'être attelée à la tâche de changer mes programmes et mes intentions par défaut, grâce à l'intention consciente, j'avais encore de la difficulté à me reprendre et à sortir de l'inertie des programmes par défaut lorsque les émotions me paralysaient. J'avais beau vouloir être heureuse et créative, je restais sensible aux lundis matins brumeux, à la circulation dense des débuts de semaines et aux exigences domestiques de ma vie familiale.

Mais depuis que j'utilise l'intention pour restructurer mon ADN, j'assiste à une vraie mutation à l'intérieur de moi ! Je reste humaine, mais je change tellement que même les lundis matins commencent à se métamorphoser !!! J'ai enfin le sentiment que la réalité change et je peux en témoigner par des gains pratiques et évidents dans ma vie humaine. Une chose est certaine : plus je m'implique dans mon code génétique, plus je change. Plus je change, plus je suis décidée à installer ces nouveaux paradigmes dans ma réalité et plus ma vie de famille est harmonieuse et plus ma vie professionnelle est active !

La fréquence planétaire actuelle consiste à installer la fréquence de l'amour dans la dualité et non pas à installer l'amour en niant la dualité. C'est ça, la nouvelle spiritualité. C'est une spiritualité en rapport avec le fait de créer une nouvelle fréquence. Le nouveau paradigme à installer est de choisir d'intégrer la pensée binaire et d'entrer dans le point zéro, d'accéder aux blocages inconscients en leur donnant leur juste place, en usant de bonté dans le non-jugement. Nos manipulations génétiques personnelles ne se feront pas en laboratoire. La reprogrammation de notre ADN superflu passe par le non-jugement de notre côté vulnérable et par la prise de conscience de notre rôle de programmeur. Nos outils seront l'intention incluant la dualité, nos questions saugrenues, notre communication (kinésiologique ou autre) avec l'intelligence innée et la méthode d'ingénierie des protocoles de reprogrammation que je vous présente dans le prochain chapitre.

C'est ainsi que, par le pouvoir investi en nous en tant qu'humains, nous allons réclamer la richesse génétique qui nous appartient de plein droit. Nous allons sceller l'accès à nos programmes génétiques par l'intention et nous allons déclarer devant l'univers que nous devenons les seuls décideurs de nos codifications. Nous allons rester maîtres de notre héritage personnel et humain.

Je vous invite à avoir l'audace d'explorer les frontières du connu. C'est tout l'objet de ce livre. Nous aussi nous allons participer à la définition et à la manipulation de nos codes génétiques, non pas pour contrôler autrui, ni pour l'appât du gain, mais bien pour rétablir notre pouvoir originel. À mon avis, c'est notre mandat de le faire, en tant qu'être humain, même si tout est orchestré dans notre inconscient collectif pour que nous choisissions la position vulnérable plutôt que notre mandat de programmeur.

D'ailleurs, cette position du programmeur apporte son lot de récompenses. Chaque fois que je prends conscience que je peux changer, me transformer et prendre en charge la restructuration de mon ADN, j'ai l'impression de participer pleinement à la création au lieu d'en être une marionnette insignifiante. Et cela me fait vibrer, me laisse libre et tranquille. Je ne me sens plus séparée de la Source créatrice de l'univers. Je sens que je change réellement à un niveau subtil et en même temps très tangible : lorsque je reçois un soin thérapeutique, je m'aperçois que mon corps se détend et se décontracte maintenant à un niveau beaucoup plus profond; sur le plan spirituel, lorsque je veux m'arrêter et méditer, c'est devenu beaucoup plus facile; et j'ai de plus en plus d'expériences métaphysiques qui surviennent facilement et aisément.

Ma principale intention à travers ce livre est donc de partager avec ceux et celles qui vivent avec moi sur notre Mère la Terre, les clefs d'accès à toute la richesse des programmes voilés que nous possédons au centre de nous-mêmes.

Chapitre 3

LA REPROGRAMMATION DE NOTRE ADN

Maintenant que nous avons une meilleure idée des composantes scientifiques de l'ADN, de l'influence de la conscience sur la programmation de nos codes génétiques et de notre responsabilité dans notre rôle de programmeur, nous allons passer à la reprogrammation elle-même. Pour ce faire, j'ai conçu, expérimenté et validé un ensemble de protocoles qui constitueront l'essentiel de ce chapitre et des suivants. Ce sont ces protocoles qui vous permettront de réorganiser, de reprogrammer vos codes génétiques et de vous réapproprier la souveraineté de votre ADN.

Si vous avez l'impression qu'il faut avoir atteint un très haut niveau de connaissance ou d'évolution spirituelle pour pouvoir recoder votre propre code génétique, détrompez-vous ! Quand il est question de l'ADN, on s'imagine toujours que c'est vraiment beaucoup plus compliqué que ça ne l'est en réalité. La vérité, c'est qu'il n'est absolument pas nécessaire d'être clairvoyant, de faire partie de groupes sélects d'initiés, ni même de connaître l'abc de la télépathie pour pouvoir commencer à se reprogrammer. Comme l'ADN superflu a un champ vibratoire et électromagnétique qui répond bien à l'intention, c'est le pouvoir de l'intention qui agira et nous guidera dans ce travail de reprogrammation de notre ADN. Or, comme nous l'avons vu au chapitre précédent, l'intention est à la fois efficace et simple à utiliser.

Le fait de formuler une intention est un processus concis, facile à comprendre, qui déclenche un grand nombre de changements qui se produisent en dehors de notre « zone de conscience », mais dont nous pouvons ensuite constater les effets. Ces changements s'opèrent à différents niveaux de l'être, depuis les corps subtils jusqu'à notre structure moléculaire même et dans l'espace qui nous entoure. Dans la reprogrammation de l'ADN, notre objectif en utilisant l'intention est d'installer de nouveaux programmes, directement dans nos gènes. Ce processus de reprogrammation par l'intention est plus détaillé que ce que nous avons vu dans les chapitres précédents et il exige du programmeur (vous) à la fois une très grande précision et une très grande conscience des étapes à franchir. Confrontée moi-même à cette exigence, j'ai développé des listes d'instructions que j'ai appelées *protocoles de reprogrammation.*

J'ai consacré des heures innombrables à l'élaboration de ces protocoles, car je ne travaille pas en canalisation et je ne voulais pas m'en tenir uniquement à des images ou à de la visualisation. Ma tâche a consisté à « saisir » des concepts vibratoires éthérés pour les traduire dans un mode « terrestre » concret et dans un langage compréhensible. Ensuite, il m'a fallu les ordonner de façon qu'ils soient à la fois utilisables et sécuritaires pour que mes étudiants puissent s'en servir facilement et sans risque.

Chaque protocole permet l'installation d'un nouveau programme, soit pour réveiller des programmes endormis, soit pour éliminer un programme fautif, soit pour réparer un gène fautif, ou encore pour remplacer un programme par défaut. Un protocole est donc un processus, une série d'instructions à suivre pour effectuer une reprogrammation donnée, directement dans nos gènes.

La simple lecture des protocoles est susceptible d'éveiller ou d'accélérer une reconnexion des hélices de votre ADN superflu dans chacune de vos cellules. De plus, je sais que plusieurs d'entre vous saisirez suffisamment l'essentiel du message et du processus pour devenir autonomes dans la reconstitution de votre être par la reprogrammation génétique de vos programmes cellulaires actuels.

Chaque protocole a fait l'objet d'une longue période d'expérimentation, tant sur moi-même que dans notre petit groupe de départ et, par la suite, avec mes étudiants et les gens que j'ai traités. À chaque étape, j'ai veillé à inclure dans les protocoles les instructions les plus appropriées à inscrire dans chaque reprogrammation, les données les plus propices à réveiller les programmes éparpillés dans l'ADN superflu ou à en inclure des nouveaux, propices à notre évolution. Ce livre est le résultat de ce travail de longue haleine et sa rédaction n'a commencé qu'une fois que j'ai pu sentir et constater que nous avions enfin les résultats attendus, soit une plus grande force vitale, une intuition plus précise et un sentiment de libération. J'ai pris le parti de donner le maximum, car je considère que l'humanité a besoin de se réapproprier la maîtrise de son ADN. Mais il est important de se rappeler que chacune des instructions qui figurent dans les protocoles a sa raison d'être et vise à assurer une reprogrammation sécuritaire de l'ADN.

Voilà pourquoi, si le mode « recette à suivre » vous paraît plutôt banal et vous indispose, je vous incite à jouer le jeu et à suivre les protocoles à la lettre, du moins jusqu'à ce que vous ayez acquis suffisamment d'expérience avec chacun de ces protocoles. Vous pourrez ainsi constater par vous-même le bien-fondé de chaque instruction et la nécessité de les effectuer dans cet ordre. D'ailleurs, vous saurez que vous maîtrisez suffisamment la reprogrammation de l'ADN lorsque vous aurez acquis assez d'expérience dans l'utilisation des protocoles pour comprendre intuitivement comment ils ont été bâtis.

Si, au contraire, vous trouvez ces protocoles hermétiques ou incompréhensibles, sachez que vous pouvez les utiliser avec autant d'efficacité que si votre mental comprenait tout. Surtout, ne vous découragez pas, veuillez simplement lire les protocoles pour avoir accès à l'information sans vous soucier de son installation. Rappelez-vous que l'intelligence innée en vous a accès à toutes les informations qui font partie de la conscience humaine collective. Ce n'est probablement que votre mental qui rouspète parce qu'il n'a pas encore accès consciemment et qu'il ne comprend pas (mais ça viendra, c'est certain). Ou encore, vous avez peut-être un vieux programme par défaut qui vous dit que vous n'êtes « pas capable ». Si c'est le cas, utilisez l'intention : « je peux utiliser efficacement ces protocoles *même si* je n'y comprends rien » (ou « *même si* je ne m'en sens pas capable » ou toute autre forme du « *même si* je ne peux pas »). Graduellement, à mesure que vous les utiliserez, vous apprivoiserez ces protocoles et les résultats vous rassureront.

La structure des protocoles

Comme vous le constaterez, les protocoles de reprogrammation sont structurés en trois parties :

Première partie : consiste en une série de points à vérifier, de données à inclure dans la reprogrammation.

Deuxième partie : constitue l'installation proprement dite des divers aspects de la reprogrammation et assure qu'elle se fera à tous les niveaux voulus.

Troisième partie : permet d'inclure les dernières données assurant une installation complète, de clore le protocole et de sceller la reprogrammation.

Chaque point, numéroté pour plus de clarté, consiste donc en une question à l'égard de laquelle le programmeur doit trouver une réponse (par test kinésiologique ou par une autre méthode). Cette réponse est en soi une donnée dont l'intelligence innée tiendra compte lors de l'installation du nouveau programme. Les données peuvent prendre plusieurs formes : une confirmation (le nouveau programme est scellé ou n'est pas scellé par exemple) ou une information comme une partie du corps, un organe, une émotion, etc.

Chacune des ces données forme un point dans un vaste réseau d'information. Au cours des stages, les étudiants se sentent perdus. La première partie des protocoles sert à établir le réseau individuel de la personne qui reçoit la reprogrammation. Si on s'attarde à chacune des données, nous allons manquer le réseau. Une fois la donnée identifiée, elle est automatiquement incluse dans la reprogrammation et nous aide à saisir le sens du réseau. Les nouvelles découvertes scientifiques font exploser l'ancien dogme linéaire et penchent vers un nouveau modèle où les réactions cellulaires possèdent plus d'un état dans leur développement. Cet état serait régi par plusieurs facteurs qui fonctionnent en réseau.

Nous accédons à ces données par les questions des protocoles. En réalité, il existe plusieurs moyens d'accéder à l'intelligence innée pour obtenir des réponses.

Certaines personnes visualiseront les chromosomes 1 à 46, un à un, et le numéro du chromosome leur apparaîtra clairement lors de cette visualisation, puis elles feront de même pour trouver le numéro du gène et le nombre de codons. D'autres personnes peuvent ressentir les réponses ou les voir, ou encore utiliser un pendule. L'important, c'est de disposer d'un outil précis, donnant des réponses précises. En effet, pour reprogrammer l'ADN, il faut pouvoir identifier avec précision le chromosome (n° 1 à 46...) et le gène (n° 1 à 5 000+) concernés où l'on insérera le nouveau programme, ainsi que le nombre de codons (1 à 30 000+) formant ce nouveau programme ou, au contraire, il faut déterminer si le programme doit s'inscrire sans adresse précise. C'est ici que la kinésiologie s'avère particulièrement utile pour moi.

Chaque protocole suppose une intention de base qui oriente l'ensemble du processus de reprogrammation. C'est cette intention de base qui détermine comment l'intelligence innée du corps utilisera les données trouvées au fil du protocole. Par exemple, l'intention de base de tous les protocoles est de reprogrammer l'ADN de façon efficace et tolérée. L'intention de base du protocole servant à rebrancher les hélices est, bien entendu, le rebranchement harmonieux et fonctionnel de ces hélices. L'intention de base du protocole portant sur le code santé est d'installer dans les gènes le code génétique voulu pour la santé et la longévité, et ainsi de suite.

Comme le fait de trouver les données en effectuant les vérifications demandées dans les protocoles revient à amener toute cette information à la conscience de la personne traitée, cette information est automatiquement connue par l'intelligence innée et incluse automatiquement dans la reprogrammation en fonction de l'intention de base du programmeur. Supposons que vous avez testé que le programme doit être installé sur le gène n° 536 du chromosome n° 24, cette prise de conscience de la part du programmeur installe cette information dans le processus de reprogrammation en cours. Ce n'est qu'une des données à entrer dans le processus. Les autres seront incluses en suivant les autres instructions numérotées du protocole.

De même, grâce à la puissance de l'intention de base d'être au point zéro, les réponses contraires à ce que l'on souhaite seront considérées comme des états de fait qui doivent être ajustés par l'intelligence innée du corps. Prenons un exemple : vous vérifiez si le nouveau programme est parfaitement scellé et vous obtenez un NON. Cette réponse est une donnée, un état de fait. Mais, comme votre intention est que le programme soit effectivement parfaitement scellé, cette donnée n'est qu'un message envoyé à l'intelligence innée qui saura qu'il faut <u>automatiquement</u> ajuster la reprogrammation de façon à ce que le nouveau programme soit parfaitement scellé.

En d'autres mots, grâce à l'intention de base et à l'intelligence innée, obtenir une réponse contraire à ce que vous souhaitez n'est pas un obstacle, c'est une simple donnée qui devient une instruction pour l'intelligence innée au même titre que les commandes que contient le protocole. C'est cette combinaison de l'intention et de l'intelligence innée qui nous permet d'utiliser les protocoles comme une sorte de structure universelle : les questions sont les mêmes pour tout le monde, mais les réponses, elles, sont uniques à chaque personne, ce qui permet de mettre au point et d'ajuster, à mesure que l'on avance dans un protocole, un nouveau programme unique pour chaque individu.

En somme, nous reprogrammons en commandant l'installation d'un nouveau programme que nous aurons déterminé par la kinésiologie ou par toute autre technique intuitive permettant d'obtenir une réponse précise. L'intention, issue de notre conscience, oriente la reprogrammation parce qu'elle est capable d'influencer l'arrangement des informations déjà inscrites dans nos gènes.

L'ADN nous appartient et nous pouvons en être les maîtres. Votre code génétique vous appartient et l'heure est venue pour vous d'en reprendre pleinement possession. En vous impliquant dans la reprogrammation de votre ADN à l'aide des protocoles qui figurent dans ce livre, vous allez commencer à saisir la magnificence du fonctionnement biologique et spirituel de l'Humain et vous prendrez conscience de la possibilité bien réelle d'être le maître de votre ADN et de ses programmes. Vous pourrez aussi vous défaire de vos programmes par défaut, que vous en ayez hérité génétiquement ou que vous les ayez acquis inconsciemment (patterns, habitudes, mécanismes de défense automatisés, commandes protéiques fautives laissées par les virus de la grippe ou par des produits chimiques, etc.).

Chaque protocole a un titre et un numéro spécifiques afin d'en faciliter la consultation. Dans le présent chapitre, vous trouverez les 9 premiers protocoles sur les 17 que contient ce livre. Nous allons d'abord travailler avec les protocoles n°s 1, 2 et 3, car ils forment une suite et ils sont à la base de tout le travail de reprogrammation subséquent. Les protocoles n°s 4 à 9 peuvent être utilisés dans l'ordre que vous préférez, une fois les trois premiers effectués. Quant aux protocoles 10 à 17, il est préférable, avant de les aborder, d'avoir déjà travaillé les neuf premiers. C'est pourquoi ils ont été placés dans d'autres chapitres.

PROTOCOLE N° 1

La reconnexion des 12 hélices

Jusqu'à il y a une vingtaine d'années, la plupart des humains fonctionnaient uniquement avec un ADN à deux hélices. Il s'agit des deux hélices physiques visibles au microscope que les scientifiques examinent dans le but de décoder le génome humain. Ces hélices sont branchées et activées dès notre conception. Elles assurent le fonctionnement biologique de notre corps et nous procurent l'intelligence nécessaire à notre survie, à notre reproduction et à notre travail.

Depuis quelques années cependant, de plus en plus de personnes ont trois ou quatre hélices branchées et parfois plus. Ces hélices additionnelles leur procurent une meilleure santé, une plus grande intuition et plus encore. Elles sont généralement de nature vibratoire, mais certaines peuvent aussi, dans certains cas, être physiques puisque, nous l'avons vu au premier chapitre, des scientifiques ont déjà observé que l'ADN de certains enfants nés au cours des dernières années comporte trois hélices visibles au microscope. En d'autres mots, nous vivons actuellement une mutation de la race humaine et il n'en tient qu'à nous de nous joindre à cette mutation.

C'est pourquoi le protocole de reprogrammation n° 1 nous permet de rebrancher les dix hélices manquantes de notre ADN. **De ce fait, l'activation des 12 hélices plus la 13e est ce qui ouvre la porte aux autres protocoles de ce livre.**

Je vous suggère, comme première étape de votre apprentissage de « programmeur généticien », de simplement lire le premier protocole. Si les 12 hélices de votre ADN sont déjà branchées (ce que vous saurez en testant en kinésiologie avec la question « Est-ce que mes 12 hélices sont branchées ? »), je vous invite tout de même à lire ce protocole ainsi que l'exemple détaillé qui suit afin de vous familiariser avec les protocoles, car ils sont codés de façon intuitive pour réveiller à l'intérieur de nous des programmes qui auraient été mis en veilleuse. Le simple fait de lire les protocoles pourra déclencher des réactions conscientes ou inconscientes au niveau de la cellule.

Bien entendu, cette lecture du protocole ne vous redonnera pas votre pouvoir de « programmeur généticien » du premier coup ! Il se peut même que la lecture de ce protocole (et de tous les autres) vous semble hermétique, voire compliquée. Certains mots de certaines instructions pourront vous être inconnus et n'avoir aucune résonance avec vos connaissances actuelles. Il se peut que vous y trouviez des notions nouvelles pour vous et aussi des termes nouveaux. Aussi, je vous invite à consulter le lexique en Annexe I pour les termes qui ne vous sont pas familiers.

Il est aussi possible que vous compreniez les étapes 1 à 7 du protocole mais que la huitième vous soit incompréhensible. Cela est tout à fait normal. Rappelez-vous simplement que, comme je le disais plus haut, l'intelligence innée en vous a accès à l'information et comprend votre intention. C'est elle qui agit. Alors ne vous en faites pas. Lisez le protocole tranquillement. Laissez-vous pénétrer inconsciemment par cette nouvelle façon de travailler sur soi et par ces chemins de l'ADN agencés sous forme de protocoles. Ce premier protocole pénétrera tranquillement en vous et vous aidera à comprendre les protocoles suivants. Apprivoisez-le par la lecture. **Il est suivi immédiatement d'un exemple détaillé qui vous aidera à comprendre comment l'utiliser.**

PROTOCOLE DE REPROGRAMMATION N° 1

Rebranchement des 12 hélices

Première étape du protocole

Sert à identifier l'objet du protocole ainsi que les données à inclure dans la reprogrammation.

1re étape – PRÉPARATION

Avant de commencer à tester, émettre l'intention à voix haute : ***Je choisis d'être au point zéro même si je ne sais pas comment.*** Utiliser la kinésiologie (ou tout autre outil de test) pour trouver les réponses. Les données ainsi obtenues seront automatiquement prises en compte par l'intelligence innée du corps et la conscience du code génétique, en fonction de l'intention.

Les deux premières hélices (1 et 2) sont toujours présentes. Pour savoir comment tester un nombre, consultez l'Annexe II.

1. VÉRIFIER si les hélices 3 à 12 sont rebranchées
Si OUI, passer directement au PROTOCOLE N° 2.
Si NON,
  A. VÉRIFIER quelle(s) hélice(s) est (sont) déjà rebranchée(s).
  B. VÉRIFIER quelle(s) hélice(s) doit(vent) être rebranchée(s).

Toutes sortes de raisons peuvent expliquer qu'on obtienne un NON ici. On n'a pas à chercher pourquoi. Il faut simplement respecter ce fait. Toujours dire les commandes à voix haute.

2. VÉRIFIER s'il est approprié pour l'évolution de la personne traitée de rebrancher cette (ces) hélice(s) maintenant.
Si NON,
  NE PAS procéder au rebranchement maintenant.
  VÉRIFIER combien de temps (jours, semaines, mois) **on doit laisser passer avant de tester à nouveau s'il est approprié de rebrancher ces hélices.**
Si OUI,
  DIRE : Je commande le rebranchement de l'hélice n° ____ (ou des hélices nos ____, ____, etc.) et son (leur) passage par le chakra du cœur.

Il se peut que certaines hélices aient besoin d'une couleur et d'autres pas.

3. VÉRIFIER s'il faut installer une ou plusieurs couleurs pour chacune des hélices.
Si OUI,
  VÉRIFIER laquelle pour chaque hélice.

Exemple : pour l'installation de la 9e hélice, on installe le 9e chakra. Consultez l'illustration de la page 24 pour bien visualiser les chakras.

4. **Pour le rebranchement des hélices 8, 9, 10, 11 et 12, DIRE :** ***Je commande que le(s) chakra(s) correspondant à l'hélice (aux hélices) n°(s) ____ soit (soient) installé(s).***

Testez chaque élément (hélices, corps énergétiques et chakras) pour chaque hélice que l'on rebranche. Si on obtient un NON, on peut aussi VÉRIFIER quel corps ou quel chakra (1 à 13).

5. **VÉRIFIER si l'hélice (ou les hélices) circule(nt) dans tous les chakras et tous les corps énergétiques.**

Consultez le Tableau des hélices à la page 25. Lire le texte de la définition en testant chaque mot. Les mots qui testent OUI deviennent une donnée qui sera automatiquement incluse dans la reprogrammation.

6. **VÉRIFIER chaque mot de la définition de l'hélice ou de chacune des hélices que l'on rebranche.**

Le plan originel de l'ADN est le schéma antérieur à toute mutation génétique. Si cette information y est toujours latente, elle sera automatiquement incluse dans la reprogrammation.

7. **VÉRIFIER si le programme du branchement de cette (ces) hélice(s) existait déjà dans le plan originel de l'ADN.**
   Si OUI,
   - **A. VÉRIFIER si on peut le reproduire ici.**
   - **B. VÉRIFIER si l'on doit installer un pont.**

Il s'agit d'un thème ou d'un autre programme qui pourrait neutraliser celui que nous sommes en train d'installer.

8. **VÉRIFIER s'il y a un programme et/ou un thème nuisible en résonance (écho) et/ou en dualité (polarité) qui pourrait interférer avec le nouveau programme.**
   TESTER chaque mot de la phrase précédente.

Les mémoires des anciens programmes pourraient interférer avec le nouveau programme.

9. **VÉRIFIER si des mémoires liées à un ou plusieurs ancien(s) programme(s) pourraient empêcher le rebranchement de cette (ces) hélice(s).**
   Si OUI, combien y-a-t-il de mémoires ?

10. **VÉRIFIER si le rebranchement peut causer un désordre dû aux champs électromagnétiques de l'hélice (des hélices) qui doivent être réajustés pour être tolérés.**

Cette donnée sera automatiquement incluse dans la reprogrammation.

11. **VÉRIFIER si l'hélice (ou les hélices) est (sont) au point zéro .**

Il se peut qu'avant de pouvoir installer le programme, d'autres données doivent y être inscrites.

12. **VÉRIFIER s'il est nécessaire d'intégrer d'autres données dans ce programme avant son installation.**
    Si OUI,
    A. TESTER combien de données doivent être intégrées;
    B. ALLER à l'Annexe III et SUIVRE les instructions pour tester quelles données doivent être intégrées;
    C. REVENIR au protocole et PASSER à l'étape suivante.

Deuxième étape du protocole

2e étape – INSTALLATION DE LA REPROGRAMMATION

L'installation de la reprogrammation tient compte de toutes les données trouvées à la première étape.

1. **DIRE :** ***Je commande que la (les) nouvelle(s) hélice(s) s'installe(nt) dans le noyau de la cellule maîtresse de l'épiphyse dans toutes les vies et toutes les dimensions.***

À mesure que l'on dit la commande à voix haute, chaque élément énuméré est intégré dans la reprogrammation. Utilisez le ton de la prière ou de l'hypnose.

2. **DIRE :** ***Je commande que, de l'épiphyse, ce programme se rende :***
   A. ***aux glandes endocrines;***
   B. ***au cerveau, au coeur, à la rate, au système nerveux et aux peptides;***
   C. ***aux cellules, au liquide intra et extracellulaire, aux atomes et aux éléments quantiques (quarks, muons et cordelettes, etc.);***
   D. ***à toutes les hélices, à tous les chakras, à tous les corps énergétiques et à l'âme;***
   E. ***autre endroit*** (Annexe III).

Si vous devez savoir lequel, allez à la section 16 de l'Annexe III et trouvez l'endroit.

3. **DIRE :** ***Je commande à l'ARN de se reconnecter et de soutenir cette (ces) nouvelle(s) hélice(s).***

Le plan originel de l'ADN est le schéma antérieur à toute mutation génétique.

4. **DIRE :** ***Je commande à l'hélice (aux hélices) n$^{o(s)}$____ de se remettre dans l'ordre du programme originel parfait.***

5. **DIRE :** ***Je commande à la vitesse des photons et à la structure de la spirale de l'ADN de s'ajuster.***

6. **DIRE :** ***Je commande le renouvellement des liens dans le corps calleux, selon le plan originel.***

Pour une définition du télomère et de la télomérase, consultez l'Annexe I.

7. **DIRE :** ***Je commande l'intégrité parfaite du télomère et de la télomérase.***

La liste des systèmes se trouve à l'Annexe VII.

8. **DIRE :** ***Je commande que les déchets des vieux programmes soient mis au point zéro et/ou éliminés à travers les systèmes appropriés.***

9. **DIRE :** ***Je commande que la ou (les) hélice(s) soit (soient) parfaitement scellée(s).***

Pour la définition du Merkabah, consultez l'Annexe I.

10. **DIRE :** ***Je commande que le Merkabah soit parfaitement scellé.***

11. **DIRE :** ***Je commande qu'aucune radiation n'affecte l'ADN ou l'ARN.***

12. **DIRE :** ***Je commande que cette ou ces hélice(s) s'installe(nt) complètement, et jusqu'à nouvel ordre, dans le bulbe rachidien, ici et maintenant.***

13. **DIRE :** ***Je commande que le rebranchement de cette (ces) nouvelle(s) hélice(s) soit(ent) parfaitement toléré, parfaitement intégré et au point zéro.***

POINT ESSENTIEL de la reprogrammation

14. **DIRE :** ***Je commande que la puissance, l'harmonie et la justesse de cette (ces) nouvelle(s) hélice(s) s'installe(nt) dans l'ADN et qu'elle(s) s'active(nt) complètement.***

Troisième étape du protocole

3e étape – CONCLUSION DU PROTOCOLE

Il se peut que le programme, pour être codé convenablement, exige l'installation d'autres données.

15. VÉRIFIER s'il est nécessaire d'intégrer d'autres données à la reprogrammation pour qu'elle soit effective, tolérée et intégrée.
Si OUI,
A. TESTER combien de données doivent être intégrées;
B. ALLER à l'Annexe III et SUIVRE les instructions pour tester quelles données doivent être intégrées;
C. REVENIR au protocole et PASSER au numéro 16.

Ceci clôt le protocole.

16. DIRE : *Je commande que cette reprogrammation soit tolérée et intégrée, selon le plan originel, dans la fréquence de l'amour, même si les hélices ont été désactivées dans le passé.*

Ceci scelle la reprogrammation.

17. DIRE : *Je commande que cette régénération soit complète et scellée jusqu'à nouvel ordre de la part de... (nom de la personne traitée).*

Procédure du protocole n° 1

Les protocoles ont une structure universelle qui permet de trouver des données uniques à chaque personne. Afin que ces protocoles soient faciles à utiliser et pas trop lourds, tout en permettant de prévoir toutes les éventualités, je les ai construits de manière à ce que, à la fin de la première étape, vous puissiez avoir accès à une grande variété de données qu'il aurait été impossible d'inclure dans chaque protocole. C'est pourquoi, à deux moments de chaque protocole, soit à la fin de l'étape 1 (Préparation) et juste avant de clore le protocole, à l'étape 3 (Conclusion), vous devez vérifier s'il est nécessaire d'enregistrer d'autres données de l'Annexe III pour que la reprogrammation s'effectue correctement. Ces « autres données » peuvent être de nature variable, car elles sont propres à chaque personne, à son histoire et à sa biologie.

Bien entendu, il est impossible d'inclure dans ce livre toutes les données possibles et imaginables. Cependant, il y a un cadre souple au sein duquel on peut mettre en lumière un nombre impressionnant de données à la fois précises et pertinentes. C'est ce que j'ai fait en structurant les Annexes III, IV, V, VI et VII. Ces annexes regroupent à la fois des données spécifiques et des catégories de données qui ouvriront la porte à une infinité de possibilités. La clef de l'utilisation de ces annexes se trouve au début de l'Annexe III et c'est pourquoi, dans les protocoles, les instructions concernant ces autres données vous renvoient généralement à l'Annexe III.

Tout en parcourant l'exemple détaillé du protocole n° 1, gardez à l'esprit que lorsque vous effectuerez ce protocole sur vous-même, vous testerez chacune des réponses (au moyen de la kinésiologie ou d'un autre outil) et votre intelligence innée inscrira dans la reprogrammation les données que vous aurez trouvées – ou les adaptera en fonction de votre intention. Ainsi, chaque donnée agira comme une intention qui déclenchera une réorganisation des programmations de votre ADN superflu et celui-ci enregistrera cette commande au niveau vibratoire.

Des scientifiques russes ont découvert que l'ADN répond bien à la parole, en particulier aux suggestions et commandes émises sur le ton de la prière ou de l'hypnose. C'est pour cela qu'il faut nommer à haute voix les données que nous désirons enregistrer dans la reprogrammation.

Nous allons donc entrer tous les éléments nécessaires dans le protocole, puis nous nous rendrons à l'Annexe III pour voir ce qui a bloqué certaines instructions du protocole.

Exemple détaillé du protocole n° 1

Nous allons travailler avec l'exemple suivant pour nous aider à comprendre comment utiliser un protocole :

1re étape – PRÉPARATION

Utiliser la kinésiologie (ou autre outil de test) pour trouver les réponses. Les données ainsi obtenues seront automatiquement prises en compte par l'intelligence innée du corps et la conscience du code génétique, en fonction de l'intention.
Cela signifie par exemple que si on vérifie le pourcentage d'intégrité et qu'on obtient un chiffre inférieur à 100 %, ou lorsqu'il faut obtenir un OUI et qu'on obtient un NON (ou l'inverse), cette donnée est comprise comme un état de fait qui sera automatiquement ajusté par le processus de reprogrammation. Lors des stages, les participants me demandent toujours ce qu'il faut faire lorsque nous obtenons une donnée qui n'est pas positive. ***IL S'AGIT SIMPLEMENT D'IDENTIFIER CETTE DONNÉE ET L'INTELLIGENCE INNÉE S'EN CHARGERA DANS LA REPROGRAMMATION.***

Objet du protocole :
La personne que je traite me demande de vérifier si ses hélices sont toutes rebranchées et si possible de rebrancher celles qui ne le sont pas.
Mon intention est que cela soit fait de sorte que le rebranchement soit parfaitement toléré et intégré au point zéro.
J'utilise la kinésiologie pour trouver les réponses.

1. **VÉRIFIER si les hélices 3 à 12 sont rebranchées.**
   Si OUI, passer directement au PROTOCOLE N° 2.
   J'obtiens un non.
   Si NON,
   - **A. VÉRIFIER quelle(s) hélice(s) est (sont) déjà rebranchée(s).**
     Pour vérifier, je pose la question : Est-ce que l'hélice 3 (puis 4, 5, et ainsi de suite, jusqu'à 12) est rebranchée ? Je note toutes celles qui testent non, soit la 6e, la 10e et la 12e.
   - **B. VÉRIFIER quelle(s) hélice(s) doit(vent) être rebranchée(s).**
     Je teste avec la question suivante : Est-ce que je peux installer ces trois hélices en même temps ?
     J'obtiens un NON.
     Je teste alors les trois hélices (6e, 10e et 12e) en posant la question : Est-ce que je peux installer la 6e (puis la 10e, puis la 12e) hélice dans cette reprogrammation ? J'obtiens un oui pour les hélices nos 6 et 12.
     Par l'intention, j'inclus ces deux hélices dans la reprogrammation et je note qu'il faudra faire une autre reprogrammation avec ce protocole pour installer la 10e hélice.

2. VÉRIFIER s'il est approprié pour l'évolution de la personne traitée de rebrancher cette (ces) hélice(s) maintenant.

Pour VÉRIFIER, je pose la question : Est-il approprié de rebrancher les hélices 6 et 12 pour cette personne en ce moment ?

Si NON,

NE PAS procéder au rebranchement maintenant.

VÉRIFIER combien de temps (jours, semaines, mois) **on doit laisser passer avant de tester à nouveau s'il est approprié de rebrancher ces hélices.**

J'obtiens un OUI.

Si OUI,

DIRE : ***Je commande le rebranchement de l'hélice n°*** **____ (ou** ***des hélices*** ***nos*** **____, ____, etc.)** ***et son (leur) passage par le chakra du cœur.***

Je dis à voix haute : Je commande que la 6e et la 12e hélices soient rebranchées et qu'elles passent par le chakra du cœur.

3. VÉRIFIER s'il faut installer une ou plusieurs couleurs pour chacune des hélices.

Si OUI,

VÉRIFIER laquelle pour chaque hélice.

Je dois installer une couleur pour la 6e hélice. Je teste une série de couleurs et j'obtiens un OUI pour le violet. Cette donnée s'inscrit dans la reprogrammation automatiquement par l'intention.

Pour la 12e hélice, j'avais obtenu un NON.

4. Pour le rebranchement des hélices 8, 9, 10, 11 et 12, DIRE : ***Je commande que le(s) chakra(s)*** **correspondant à l'hélice (aux hélices) n°(s) ____ soit (soient) installé(s).**

Comme j'installe la 12e hélice, je dis à voix haute : Je commande que le chakra correspondant à la 12e hélice soit installé.

5. VÉRIFIER si l'hélice (ou les hélices) circule(nt) dans tous les chakras et tous les corps énergétiques.

La 12e hélice ne circule pas dans tous les corps énergétiques. Je vérifie dans quels corps elle ne circule pas, et j'obtiens les 3e et 5e corps. Cette donnée s'inscrit dans la reprogrammation automatiquement par l'intention.

6. VÉRIFIER chaque mot de la définition de l'hélice ou de chacune des hélices que l'on rebranche.

Je me réfère au Tableau des hélices à la page 25. Je lis la définition de la 6e hélice en testant chaque mot. Les mots « corps subtils » et « discernement » testent.

Pour la 10e hélice, seul le mot « unité » teste.

Je sais que ces données sont maintenant inscrites dans la reprogrammation.

7. VÉRIFIER si le programme du branchement de cette(ces) hélice(s) existait déjà dans le plan originel de l'ADN.

Il y a beaucoup de programmes qui ont pu exister auparavant dans le plan originel mais qui ont été débranchés. Ils sont encore présents et disponibles dans l'ADN superflu.

Si OUI,

A. VÉRIFIER si on peut le reproduire ici.

J'obtiens un oui. Le programme de rebranchement des hélices 6 et 12 sera reproduit ici automatiquement.

B. VÉRIFIER si l'on doit installer un pont.

J'obtiens également un OUI.

8. VÉRIFIER s'il y a un programme et/ou un thème nuisible en résonance (écho) et/ou en dualité (polarité) qui pourrait interférer avec le nouveau programme.

TESTER chaque mot de la phrase précédente.

Je teste chaque mot de la phrase et j'obtiens un NON aux mots « programme », « nuisible » et « polarité » ainsi que pour le reste de la phrase, soit « qui pourrait interférer avec le nouveau programme ». Je sais que cette donnée sera automatiquement inscrite dans la reprogrammation en fonction de mon intention de base, alors je passe au numéro suivant.

9. VÉRIFIER s'il y a des mémoires liées à un ou plusieurs ancien(s) programme(s) qui pourraient empêcher le rebranchement de cette(ces) hélice(s).

En testant chaque mot de la phrase à mesure que je lis, j'obtiens qu'il y a effectivement des mémoires attachées.

Si OUI, VÉRIFIER combien y-a-t-il de mémoires ?

Il y en a trois (3).

10. VÉRIFIER si le rebranchement peut causer un désordre dû aux champs électromagnétiques de l'hélice (des hélices), qui doivent être réajustés pour être tolérés.

Je teste *pour les deux hélices. Il n'y a rien qui* teste *pour l'hélice 6, mais j'obtiens un OUI pour la 12e hélice et cette donnée sera incluse automatiquement dans la reprogrammation*

11. VÉRIFIER si l'hélice (ou les hélices) est (sont) au point zéro.

Seule la 12e hélice n'est pas au point zéro. Bien entendu, mon intention est qu'elle soit ramenée au point zéro par la reprogrammation.

12. VÉRIFIER s'il est nécessaire d'intégrer d'autres données dans ce programme avant son installation.
Si OUI,
A. TESTER combien de données doivent être intégrées;
B. ALLER à l'Annexe III et SUIVRE les instructions pour tester quelles données doivent être intégrées;
C. REVENIR au protocole et PASSER à l'étape suivante.

J'obtiens un OUI et je me rends à l'Annexe III pour trouver de quoi il s'agit.
Je vérifie d'abord le nombre de données dont j'ai besoin ici et j'obtiens « 2 ».
En testant dans l'Annexe III, je trouve d'abord une émotion (élément n° 1 de l'Annexe III) et pour savoir laquelle je me rends dans l'Annexe IV où je trouve, en testant, l'émotion Assis entre deux chaises. J'ai donc ma première donnée.
Je reviens à l'Annexe III pour trouver la deuxième donnée et je trouve Virus (n° 5).
Ces deux données étant maintenant inscrites dans la reprogrammation, je peux procéder à l'installation. Je n'ai pas besoin d'analyser de quelle façon ils affectent le restant de la reprogrammation. Ce sont des données spécifiques qui doivent s'ajouter au programme de cette personne en particulier.

2e étape – INSTALLATION DE LA REPROGRAMMATION

À partir de cette section, nous n'avons plus besoin de tester en kinésiologie. Remarquons que chaque item commence par l'expression « Je commande ». Puisque nous avons mis l'intention d'être au point zéro au tout début du protocole, nous n'avons pas besoin d'être dans une position quelconque pour émettre ces commandes. Il est préférable de dire toutes les commandes à voix haute sur un ton de prière ou d'hypnose pour pouvoir influencer l'ADN qui répond à ce ton de voix selon des études russes.

1. DIRE : *Je commande que la (les) nouvelle(s) hélice(s) s'installe(nt) dans le noyau de la cellule maîtresse de l'épiphyse dans toutes les vies et toutes les dimensions.*
Je dis à voix haute « Je commande que les nouvelles hélices s'installent dans le noyau de la cellule maîtresse de l'épiphyse dans toutes les vies et toutes les dimensions ».

2. DIRE : *Je commande que, de l'épiphyse, ce programme se rende :*
A. *aux glandes endocrines;*
B. *au cerveau, au coeur, à la rate, au système nerveux et aux peptides;*
C. *aux cellules, au liquide intra et extracellulaire, aux atomes et aux éléments quantiques (quarks, muons et cordelettes, etc.);*
D. *à toutes les hélices, à tous les chakras, à tous les corps énergétiques et à l'âme;*
E. *autre endroit* (Annexe III).

Je dois tester l'item E et j'obtiens un OUI. Je vérifie s'il s'agit de la 6e hélice, de la 12e hélice ou des deux. Il s'agit des deux hélices. Je vais donc à la section 16 de l'Annexe III. Je teste le mot « rate » pour la 6e hélice et le « foie » pour la 12e hélice. J'inscris donc énergétiquement ces données dans la reprogrammation.

LES CORDELETTES, LES QUARKS ET LES MUONS SONT DES PARTIES INFINIMENT PETITES DE L'ATOME, DITES QUANTIQUES.

3. **DIRE : *Je commande à l'ARN de se reconnecter et de soutenir cette (ces) nouvelle(s) hélice(s).***
   L'ARN doit transporter l'information qui lui est livrée par l'ADN mais elle doit aussi la supporter car elle a un programme « d'interférence » qui lui permet d'annuler les commandes de certains gènes.

4. **DIRE : *Je commande à l'hélice (aux hélices) n°(s)____ de se remettre dans l'ordre du programme originel parfait.***
   Émettre la commande à voix haute comme si on récitait une prière.

5. **DIRE : *Je commande à la vitesse des photons et à la structure de la spirale de l'ADN de s'ajuster.***
   Aller à la page 18, pour la définition des photons.

6. **DIRE : *Je commande le renouvellement des liens dans le corps calleux, selon le plan originel.***
   Cette donnée s'inscrit énergétiquement dans la reprogrammation.

7. **DIRE : *Je commande l'intégrité parfaite du télomère et de la télomérase.***
   Lors de la division cellulaire, le télomère peut se perdre ou être endommagé, ce qui peut causer des anomalies dans la multiplication de cellules ou interrompre complètement la division cellulaire. La télomérase est une enzyme qui forme la « colle » du télomère.

8. **DIRE : *Je commande que les déchets des vieux programmes soient mis au point zéro et/ou éliminés à travers les systèmes appropriés.***
   La liste des systèmes se trouve à l'Annexe VII.

9. **DIRE : *Je commande que la ou (les) hélice(s) soit (soient) parfaitement scellée(s).***
   Cela équivaut à commander que l'hélice 6 et l'hélice 12 soient scellées.

10. **DIRE : *Je commande que le Merkabah soit parfaitement scellé.***
    Le Merkabah, qui est un champ énergétique (voir le lexique à l'Annexe I), doit être parfaitement scellé.

11. **DIRE :** ***Je commande qu'aucune radiation n'affecte l'ADN ou l'ARN.***
La radiation peut agir comme une toxine. Cette commande et les précédentes (n° 10 et n° 11) scellent et protègent le code génétique.

12. **DIRE :** ***Je commande que ce nouveau programme s'installe complètement, et jusqu'à nouvel ordre, dans le bulbe rachidien, ici et maintenant.***
Émettre la commande à voix haute comme si on récitait une prière.

13. **DIRE :** ***Je commande que le rebranchement de cette(ces) nouvelle(s) hélice(s) soit(soient) parfaitement toléré, parfaitement intégré et au point zéro.***
Cela signifie que le rebranchement des deux hélices est parfaitement toléré, parfaitement intégré et au point zéro. De cette façon le système nerveux de la personne qui est traitée ne sera pas exacerbé par ce protocole.

14. **DIRE :** ***Je commande que la puissance, l'harmonie et la justesse de cette (ces) nouvelle(s) hélice(s) s'installe(nt) dans l'ADN et qu'elle(s) s'active(nt) complètement.***
Je dis la phrase à voix haute. Cette donnée sera inscrite automatiquement dans la reprogrammation, de sorte que l'intelligence innée procédera à l'ajustement nécessaire.

3e étape – CONCLUSION DU PROTOCOLE

15. **VÉRIFIER s'il est nécessaire d'intégrer d'autres données à la reprogrammation pour qu'elle soit effective, tolérée et intégrée.**
Si OUI,
A. TESTER combien de données doivent être intégrées;
B. ALLER à l'Annexe III et SUIVRE les instructions pour tester quelles données doivent être intégrées;
C. REVENIR au protocole et PASSER au numéro 16.

J'obtiens un OUI. Maintenant que j'ai entré toutes les données qui précèdent dans la reprogrammation, je vais à l'Annexe III pour voir quels nouveaux éléments je dois y inscrire pour terminer cette reprogrammation.

Je vérifie d'abord combien de données il me faut et j'obtiens trois (3). La première est un choc à l'âge de 4 ans (n° 19). La deuxième concerne des produits chimiques (n° 6). La troisième concerne le foie (n°17).

Je n'ai pas à chercher plus avant, car l'intelligence innée sait de quel choc il s'agit, de quel produit chimique il s'agit et ce qui est en cause concernant le foie. Je passe donc au numéro suivant.

16.DIRE : ***Je commande que cette reprogrammation soit tolérée et intégrée, selon le plan originel, dans la fréquence de l'amour, même si les hélices ont été désactivées dans le passé.***

Je termine la reprogrammation avec cette commande.

17.DIRE : ***Je commande que cette régénération soit complète et scellée jusqu'à nouvel ordre de la part de... (nom de la personne traitée).***

Je scelle la reprogrammation avec cette commande, de sorte que rien ni personne ne puisse altérer l'ADN de la personne sauf elle-même.

PROTOCOLE N° 2

Installer la 13e hélice

Dans le cheminement vers la souveraineté sur notre ADN, le protocole n° 2 a été conçu pour permettre le rebranchement de la 13e hélice et de son chakra. Assurez-vous bien, avant d'utiliser ce protocole, que vos 12 premières hélices soient rebranchées.

Pour avoir accès à la 13e hélice, il faut d'abord avoir installé les 10 autres hélices perdues pour disposer de 12 hélices actives et être en contact avec elles, ce que nous avons fait avec le protocole n° 1. La 13e hélice, et le 13e chakra, qui lui est associé, circule à travers toutes les autres hélices et leurs chakras. On peut ensuite faire circuler librement l'énergie entre les 13 hélices et le corps physique. Cela nous amène au-delà de la dualité, car le 13e chakra fait l'union entre l'ombre et la lumière et ancre cette union au niveau physique.

C'est ce qu'on appelle l'union entre les Mondes, ou le point d'équilibre « Zéro ». C'est à travers ce point Zéro, accessible grâce à la 13e hélice, que les Maîtres entrent et ressortent de l'état physique. Ils parviennent grâce à elle à obtenir une fusion entre le moi terrestre et le moi céleste et à habiter deux espaces à la fois.

PROTOCOLE DE REPROGRAMMATION N° 2

Installation et rebranchement de la 13e hélice

Première étape du protocole

Sert à identifier l'objet du protocole ainsi que les données à inclure dans la reprogrammation.

1re étape – PRÉPARATION

Avant de commencer à tester, émettre l'intention à voix haute : ***Je choisis d'être au point zéro même si je ne sais pas comment.*** Utiliser la kinésiologie (ou autre outil de test) pour trouver les réponses. Les données ainsi obtenues seront automatiquement prises en compte par l'intelligence innée du corps et la conscience du code génétique, en fonction de l'intention.

Les deux premières hélices (1 et 2) sont toujours présentes.

1. A. VÉRIFIER d'abord si les 12 hélices sont rebranchées.
Si NON, aller au protocole n° 1 .
B. VÉRIFIER si la 13e hélice est déjà rebranchée.
Si OUI, passer au PROTOCOLE n° 3
Si NON, passer au numéro 2.

Toutes sortes de raisons peuvent expliquer qu'on obtienne un NON ici. On n'a pas à chercher pourquoi. Il faut simplement respecter ce fait.

Émettre les commandes à voix haute.

2. VÉRIFIER s'il est approprié pour l'évolution de la personne traitée de rebrancher la 13e hélice maintenant.
Si NON,
NE PAS procéder au rebranchement maintenant.
VÉRIFIER combien de temps (jours, semaines, mois) **on doit laisser passer avant de pouvoir faire ce protocole.**
Si OUI,
DIRE : *Je commande que la 13e hélice, avec son programme, s'installe sous le corps, passe par le chakra du coeur et remonte en haut du corps en formant un 8 (voir schéma page 24).*

Par cette commande, les couleurs noire et blanche ne se mélangeront pas (ce qui donnerait le gris).

3. DIRE : *Je commande la cohabitation des couleurs noire et blanche.*

Se référer au schéma de la page 24 pour avoir une meilleure image des 13 chakras.

4. DIRE : ***Je commande l'installation du 13e chakra, pour la reconnexion entre le ciel et la terre.***

Consultez le tableau à la page 25. Lire le texte de la définition en testant *chaque mot. Les mots qui* testent *OUI deviennent une donnée qui sera automatiquement incluse dans la reprogrammation*

5. VÉRIFIER si chaque mot de la définition de la 13e hélice *teste* OUI.

Le plan originel de l'ADN est le schéma antérieur à toute mutation génétique. Si cette information y est toujours latente, elle sera automatiquement incluse dans la reprogrammation.

6. VÉRIFIER si le programme du branchement de la 13e hélice existait déjà dans le plan originel de l'ADN.
Si OUI,
A. VÉRIFIER si on peut le reproduire ici.
B. VÉRIFIER si l'on doit installer un pont.

Il s'agit d'un thème ou d'un autre programme qui pourrait neutraliser celui que nous sommes en train d'installer.

7. VÉRIFIER s'il y a un programme et/ou un thème nuisible en résonance (écho) et/ou en dualité (polarité) qui pourrait interférer avec le nouveau programme.
TESTER chaque mot de la phrase précédente.

Les mémoires des anciens programmes pourraient interférer avec le nouveau programme.

8. VÉRIFIER si des mémoires liées à un ou plusieurs ancien(s) programme(s) pourraient empêcher le rebranchement de la 13e hélice(s).
Si OUI, combien y-a-t-il de mémoires ?

Chaque fois que l'on vérifie quelque chose, la donnée obtenue est intégrée automatiquement dans la reprogrammation.

9. VÉRIFIER si la 13e hélice circule dans tous les chakras, tous les corps énergétiques et toutes les hélices.

10. VÉRIFIER si la personne est connectée aux faisceaux énergétiques de lumière et aux faisceaux énergétiques de noirceur, au point zéro.

Le rebranchement de la 13e hélice permet de maintenir deux polarités en présence l'une de l'autre sans qu'elles s'annulent – plutôt que de les opposer ou de les polariser.

11. VÉRIFIER si la personne peut maintenir la lumière en présence de la noirceur, sans qu'elles s'annulent, dans toutes les hélices, tous les chakras, tous les corps énergétiques et l'âme.

Émettre les commandes à voix haute.

12. DIRE : *Je commande que le corps galactique soit ancré au corps physique sur la Terre par la 13e hélice.*

13. VÉRIFIER si la personne est connectée avec son véhicule galactique.

Cette donnée sera automatiquement incluse dans la reprogrammation.

14. VÉRIFIER si la connexion entre le moi céleste et la 13e hélice est établie et adéquate.

Pour savoir comment tester un nombre, consultez l'Annexe II. Le pourcentage que vous testez sera intégré automatiquement dans la reprogrammation.

15. VÉRIFIER le pourcentage de cohabitation de la lumière avec la noirceur.

16. VÉRIFIER s'il y a un pont entre la noirceur, la lumière et la 13e hélice.

17. VÉRIFIER si le rebranchement peut causer un désordre dû au champ électromagnétique de la 13ᵉ hélice et s'il a besoin d'être réajusté pour être toléré.

Cette donnée sera automatiquement incluse dans la reprogrammation.

18. VÉRIFIER si la 13ᵉ hélice est au point zéro.

Il se peut qu'avant de pouvoir installer le programme, d'autres données doivent y être inscrites.

19. VÉRIFIER s'il est nécessaire d'intégrer d'autres données dans ce programme avant son installation.
Si OUI,
A. TESTER combien de données doivent être intégrées;
B. ALLER à l'Annexe III et SUIVRE les instructions pour tester quelles données doivent être intégrées;
C. REVENIR au protocole et PASSER à l'étape suivante.

Deuxième étape du protocole

2ᵉ étape – INSTALLATION DE LA REPROGRAMMATION

L'installation de la reprogrammation tient compte de toutes les données trouvées à la première étape.

1. **DIRE :** ***Je commande que la 13ᵉ hélice s'installe dans le noyau de la cellule maîtresse de l'épiphyse dans toutes les vies et toutes les dimensions.***

À mesure que l'on dit la commande à voix haute, chaque élément énuméré est intégré dans la reprogrammation. Utilisez le ton de la prière ou de l'hypnose.

2. **DIRE :** ***Je commande que, de l'épiphyse, ce programme se rende :***
   A. ***aux glandes endocrines;***
   B. ***au cerveau, au coeur, à la rate, au système nerveux et aux peptides;***
   C. ***aux cellules, au liquide intra et extracellulaire, au vide interstitiel, aux atomes et aux éléments quantiques (quarks, muons et cordelettes, etc.);***
   D. ***à toutes les hélices, à tous les chakras, à tous les corps énergétiques et à l'âme;***
   E. ***autre endroit*** (Annexe III).

Si vous devez savoir lequel, allez à la section 16 de l'Annexe III et trouvez l'endroit.

3. **DIRE :** ***Je commande à l'ARN de se reconnecter et de soutenir la 13ᵉ hélice.***

Le plan originel de l'ADN est le schéma antérieur à toute mutation génétique.

4. **DIRE :** ***Je commande à la 13e hélice de se remettre dans l'ordre du programme originel parfait.***

5. **DIRE :** ***Je commande à la vitesse des photons et à la structure de la spirale de l'ADN de s'ajuster.***

6. **DIRE :** ***Je commande le renouvellement des liens dans le corps calleux, selon le plan originel.***

Pour une définition du télomère et de la télomérase, consultez l'Annexe I.

7. **DIRE :** ***Je commande l'intégrité parfaite du télomère et de la télomérase.***

La liste des systèmes se trouve à l'Annexe VII.

8. **DIRE :** ***Je commande que les déchets des vieux programmes soient mis au point zéro et/ou éliminés à travers les systèmes appropriés.***

9. **DIRE :** ***Je commande que la 13e hélice soit parfaitement scellée.***

Pour la définition du Merkabah, consultez l'Annexe I.

10. **DIRE :** ***Je commande que le Merkabah soit parfaitement scellé.***

11. **DIRE :** ***Je commande qu'aucune radiation n'affecte l'ADN ou l'ARN.***

12. **DIRE :** ***Je commande que la 13e hélice s'installe complètement, et jusqu'à nouvel ordre, dans le bulbe rachidien, ici et maintenant.***

13. **DIRE :** ***Je commande que le rebranchement de la 13e hélice et son nouveau programme soient parfaitement tolérés, parfaitement intégrés et au point zéro.***

POINT ESSENTIEL de la reprogrammation

14. **DIRE :** ***Je commande que la puissance, l'harmonie et la justesse de la 13e hélice s'installent dans l'ADN et que ce nouveau programme s'active complètement.***

Troisième étape du protocole

3e étape – CONCLUSION DU PROTOCOLE

Il se peut que le programme, pour être codé convenablement, exige l'installation d'autres données.

15. VÉRIFIER s'il est nécessaire d'intégrer d'autres données à la reprogrammation pour qu'elle soit effective, tolérée et intégrée.
Si OUI,
A. TESTER combien de donnée doivent être intégrées;
B. ALLER à l'Annexe III et SUIVRE les instructions pour tester quelles données doivent être intégrées;
C. REVENIR au protocole et PASSER au numéro 16.

Ceci clôt le protocole.

16. DIRE : *Je commande que cette reprogrammation soit tolérée et intégrée, selon le plan originel, dans la fréquence de l'amour, même si les hélices ont été désactivées dans le passé.*

Ceci scelle la reprogrammation.

17. DIRE : *Je commande que cette régénération soit complète et scellée jusqu'à nouvel ordre de la part de... (nom de la personne traitée).*

Les effets du rebranchement de la 13e hélice peuvent être surprenants, en particulier pour les personnes qui ont tendance à « flotter » et qui ont du mal à rester ancrées dans leur corps physique. J'ai demandé à mes étudiants de bien vouloir me fournir leurs commentaires sur les résultats qu'ils ont obtenu avec divers protocoles. Nicole F. m'a fait parvenir ce qui suit au sujet des deux premiers protocoles :

L'implantation des 13 hélices m'a permis de me connecter à un bien-être physique et émotionnel non tangible auparavant. Le calme, la paix et la sérénité qui ont suivi ont été un baume sur des années de recherche et de travail sur moi-même. En ce qui concerne l'activation de chacune des hélices (protocole n° 3), *disons que la vie s'est chargée de me mettre en situation pour voir si l'intégration était bien assurée. C'est un petit clin d'œil de la vie, alors qu'avant… c'était un drame !*

De son côté, Marie D. a eu accès à des parties d'elle-même qu'elle ignorait jusque-là :

Pour moi, prendre conscience de l'immense réserve de possibilités que m'ouvre la reprogrammation de mon ADN a été une découverte extraordinaire. J'avais déjà, sans le savoir, quelques hélices rebranchées avant de commencer ce travail, mais lorsque j'ai commencé à reprogrammer pour brancher les autres hélices, j'ai compris ce qui s'était passé en moi ces dernières années. Jusqu'à ce moment, et depuis des années, je faisais souvent le même rêve : je vivais dans une grande maison dont plusieurs pièces ne m'étaient pas accessibles, de sorte que j'étais confinée à quelques pièces plutôt sombres et très embourbées. Le rebranchement des hélices m'a donné l'impression de retrouver les clefs pour ouvrir les portes de ces autres pièces… Ce fut comme découvrir des aspects de moi-même que je n'avais jamais vus jusque-là ! Une fois la 13e hélice rebranchée, ce fut plus facile pour moi de me réconcilier avec la vie et d'accepter les limitations de la vie sur cette planète. Je reprenais enfin contact avec un rêve de jeunesse que j'en étais venue à considérer comme utopique : spiritualiser la matière et matérialiser le spirituel sur Terre. Ça ne me paraît plus utopique du tout, maintenant !

PROTOCOLE N° 3

La réharmonisation de nos hélices

Nous sommes plus en mesure, à ce stade-ci du livre, de comprendre que la reprogrammation de nos hélices peut s'effectuer de plusieurs façons. Consciemment ou pas, la reprogrammation de notre ADN superflu s'est déclenchée puisque, nous l'avons vu, les émissions de photons (lumière) provenant de sources extérieures à notre planète contribuent à elles seules à influencer positivement notre ADN et à rebrancher nos hélices. Nous avons aussi compris que nous pouvions influencer ce processus en nous y impliquant par nos commandes conscientes, grâce aux protocoles, puisque la formulation d'intentions constitue une commande issue de notre conscience et influence l'arrangement de nos hélices, et donc de notre ADN.

Le travail des deux premiers protocoles aura sans doute suffi à vous convaincre de votre pouvoir sur votre ADN. Ces 13 hélices, dont 11 étaient débranchées et éparpillées, sont maintenant toutes rebranchées, mais elles ne sont pas toutes *activées* et *harmonisées*. Même les deux premières, les deux hélices physiques, ont besoin d'être harmonisées pour s'activer à 100 %, car 97 % de leurs gènes sont considérés comme de l'ADN « superflu » et inactif.

Cette réharmonisation/activation se fera en partie toute seule, naturellement, comme le soulignait Nicole F., mais nous pouvons accélérer le processus en utilisant le protocole n° 3. L'objectif de ce protocole est d'amener chaque hélice à un niveau d'activation atteignant 100 %. Cela ne peut se faire que si chaque hélice est réharmonisée, c'est-à-dire si tous ses aspects ou ses éléments sont reprogrammés de façon adéquate. Les hélices ne peuvent pas être fonctionnelles ou activées à 100 % si elles ne sont pas réharmonisées.

Le protocole de réharmonisation et d'activation des hélices comporte une série d'éléments à vérifier pour chaque hélice. Ces éléments sont en fait des indicateurs de l'état actuel de nos hélices et vous en trouverez la liste au tableau suivant.

TABLEAU DES INDICATEURS

	HÉLICES	1	2	3	4	5	6
1	% de l'activation ?						
2	Remodelage						
3	Miasmes						
4	Sortilège						
5	Émotions						
6	Croyances mentales						
7	Spirituel						
8	Implant						
9	Allergies						
10	Infections						
11	Radicaux libres						
12	% de fréquence ondulatoire de l'ADN						
13	Hormones : épiphyse-hypophyse-thyroïde-thymus-pancréas-surrénales-ovaire/testicule-hypothalamus thalamus						
14	Circulation						
15	Structural						
16	Insertion holographique						
17	Trou						
18	Désalignement						
19	Distorsion						
20	Fragments						
21	Empreinte						
22	Réparation						
23	Mutation						
24	Polarité/dualité						
25	Structure de l'ADN + cause						
26	Alliance/vœux						
27	Vulnérabilité/sans protection						
28	Cause originelle						
29	Mémoire du programme initial						
30	Déchirure						
31	Cicatrices						
32	Code pour aimer à ? %						
33	Interférence						
34	Scellé à ? %						
35	Code santé (protocole 5)						
36	Programmé pour le succès à ____? %						
37	Jeunesse et longévité (protocole 7)						
38	Tout autre protocole						

TABLEAU DES INDICATEURS

	HÉLICES	7	8	9	10	11	12	13
1	% de l'activation ?							
2	Remodelage							
3	Miasmes							
4	Sortilège							
5	Émotions							
6	Croyances mentales							
7	Spirituel							
8	Implant							
9	Allergies							
10	Infections							
11	Radicaux libres							
12	% de fréquence ondulatoire de l'ADN							
13	Hormones : épiphyse-hypophyse-thyroïde-thymus-pancréas-surrénales-ovaire/testicule-hypothalamus thalamus							
14	Circulation							
15	Structural							
16	Insertion holographique							
17	Trou							
18	Désalignement							
19	Distorsion							
20	Fragments							
21	Empreinte							
22	Réparation							
23	Mutation							
24	Polarité/dualité							
25	Structure de l'ADN + cause							
26	Alliance/vœux							
27	Vulnérabilité/sans protection							
28	Cause originelle							
29	Mémoire du programme initial							
30	Déchirure							
31	Cicatrices							
32	Code pour aimer à ? %							
33	Interférence							
34	Scellé à ? %							
35	Code santé (protocole 5)							
36	Programmé pour le succès à ____? %							
37	Jeunesse et longévité (protocole 7)							
38	Tout autre protocole							

Si vous vous demandez ce que signifient certains des termes inclus dans le tableau des indicateurs, vous pouvez consulter le tableau suivant. Vous y trouverez une explication plus élaborée.

TABLEAU EXPLICATIF DE CERTAINS INDICATEURS

Alliance/vœux	Certains vœux ou certaines alliances spirituelles nous empêchent parfois d'activer une hélice et son niveau de conscience.
Cause originelle	La cause originelle est directement liée à la perte du programme originel de notre code génétique.
Désalignement	L'alignement sur la fréquence de l'Essence est faussé et cela crée une résonance qui nous empêche de nous sentir en harmonie et d'être complet.
Distorsion	L'onde électromagnétique de la spirale de l'ADN est affectée.
Empreinte (ou mécanisme d'impression)	On trouve des empreintes chez tous et chacun, et dans tous les corps énergétiques. Les empreintes peuvent être nouvelles ou provenir de vies antérieures. Elles peuvent être positives ou négatives, mais certaines d'entre elles n'ont plus aucune utilité. La plupart des empreintes issues du passé vont nous retarder dans le changement de conscience actuel.
Être codé pour aimer à ____ %	Nous avons perdu le programme pour aimer et pouvons le réinstaller ici. Vérifier à quel pourcentage il en est réduit et l'installer à 100 %.
Fragments	Voir l'Annexe I pour la définition des fragments. VÉRIFIER combien de fragments doivent être ramenés pour pouvoir activer l'hélice à 100 %.
Insertion holographique	Pour la définition d'un hologramme, voir l'Annexe I.
Interférence	Il peut y avoir des interférences planétaires ou stellaires qui affecteraient l'activation. En adressant cette donnée dans le programme, nous pourrons les annuler.
Mémoire du programme initial	Nous voulons ici nous assurer de la réinsertion du programme originel parfait.
Miasmes	Voir l'Annexe I.
Mutation	Il peut y avoir des mutations génétiques qui affectent les hélices.
Radicaux libres	Les radicaux libres (toxines) affectent grandement la barrière hémato-encéphalique ce qui, à son tour, affecte les glandes épiphyse et hypophyse. Comme ces glandes sont impliquées dans la reprogrammation de l'ADN, Il faut s'assurer que les radicaux libres n'affecteront pas l'activation des hélices.
Remodelage	Il y a quelque chose dans le plan originel de l'ADN qui a été changé et qui doit être remodelé.
Sortilèges	En certaines occasions, une colère (ou une autre émotion forte) peut être telle que sa charge émotive agit comme un sortilège. Vérifier si vous avez reçu le sortilège ou si vous l'avez donné.
Structural	Certains troubles physiques peuvent affecter l'activation des hélices. Le mot « structural » désigne une condition qui a rapport à la colonne vertébrale. Si la personne est bloquée au niveau du dos, par exemple, ceci peut affecter ou bloquer l'énergie vibratoire.
Trou	Il peut y avoir, dans les corps énergétiques, des trous susceptibles de nuire à l'activation des hélices.

Chaque ligne du tableau est un indicateur qui permet de vérifier l'état de fonctionnement de chacune des hélices diagnostiquées. **Un avertissement est ici nécessaire. Il ne faut pas tenter d'inclure dans une même session toutes les hélices, ni même tous les indicateurs pour une hélice donnée, car le système nerveux ne le supporterait pas. L'harmonisation et l'activation des hélices est un processus qui produit des effets – vous le constaterez par vous-même – et cela exige de procéder graduellement, pour permettre au corps de s'ajuster adéquatement. Pour cette raison, en n'incluant que trois indicateurs à chaque session, vous ferez plusieurs sessions avec le protocole n° 3.**

Les premières questions du protocole vous guideront pour savoir quelle hélice doit être traitée et combien d'indicateurs peuvent être inclus à chaque session. Au numéro 1, vous déterminerez sur quelle hélice vous allez travailler au cours de cette session, c'est-à-dire quelle hélice sera reprogrammée pour l'harmoniser et augmenter son activation. Au numéro 2, vous vérifierez quel est le pourcentage d'activation actuel de l'hélice, avant d'effectuer le protocole.

Le numéro 3 du protocole n° 3 vous indiquera avec précision ce que vous pourrez inclure dans la reprogrammation. Pour effectuer la vérification du numéro 3A, vous n'avez qu'à vous référer au tableau des indicateurs et à tester chaque ligne (chaque indicateur) en posant la question : « Cet indicateur a-t-il besoin d'être réharmonisé ? ». Notez chaque OUI, car cela vous donnera le portrait global de l'état de cette hélice. Au numéro 3B, vous déterminerez le nombre d'indicateurs qui peuvent être traités dans la session en cours et finalement le numéro 3C vous permettra d'identifier précisément quels indicateurs seront inclus dans la reprogrammation de cette session et dans quel ordre ils seront traités.

À la fin du protocole, vous vérifierez de nouveau le pourcentage d'activation de l'hélice. Il se peut que ce pourcentage ait varié. Il pourrait avoir augmenté ou diminué. Cela ne signifie pas que vous avez échoué. Cela signifie au contraire que la réharmonisation, pour être tolérée, exige que l'activation de l'hélice soit temporairement diminuée afin que votre corps puisse s'ajuster. Selon mon expérience, en revérifiant quelques jours ou quelques semaines plus tard l'activation de cette hélice, vous verrez qu'elle a augmenté par rapport à ce qu'elle était avant que vous effectuiez cette reprogrammation. Il se peut aussi que l'augmentation de l'activation doive attendre que vous ayez réharmonisé et réactivé une autre hélice, puisque le corps et toutes les hélices forment une globalité.

Ne vous laissez pas décourager par la quantité d'éléments figurant dans le tableau des indicateurs. Chaque hélice ayant une spécificité propre et des fonctions différentes, il est important de tester chaque élément pour chaque hélice, mais il est tout aussi important d'y aller graduellement et de faire confiance à l'intelligence innée qui vous parle par l'intermédiaire de votre méthode de test (kinésiologie ou autre). Elle vous indiquera dans quel ordre procéder pour que l'activation se fasse adéquatement. Même si vous ne traitez qu'un seul élément pour une hélice donnée dans une session, vous constaterez rapidement des changements en vous, sur les plans physique, émotionnel, mental ou spirituel. Même si votre intention de base à chaque session porte uniquement sur un seul élément d'une hélice, l'intelligence innée comprend aussi que votre intention ultime est d'harmoniser et de réactiver toutes vos hélices à 100 % et elle ajustera vos programmes en conséquence.

Allez-y ! Amusez-vous à réharmoniser et réactiver chacune de vos hélices.

PROTOCOLE DE REPROGRAMMATION N° 3

Réharmonisation/activation des 13 hélices

Première étape du protocole

Sert à identifier l'objet du protocole ainsi que les données à inclure dans la reprogrammation.

1re étape – PRÉPARATION

Avant de commencer à tester, émettre l'intention à voix haute : ***Je choisis d'être au point zéro même si je ne sais pas comment.*** Utiliser la kinésiologie (ou autre outil de test) pour trouver les réponses. Les données ainsi obtenues seront automatiquement prises en compte par l'intelligence innée du corps et la conscience du code génétique, en fonction de l'intention.

Identification de l'objet de la reprogrammation.

1. **VÉRIFIER quelle hélice doit être activée et réharmonisée au cours de cette reprogrammation.**

Il est plutôt rare que le pourcentage d'activation soit à 100 %. D'une fois à l'autre, le pourcentage pourra varier selon le travail que vous aurez accompli à la session précédente.

2. **VÉRIFIER le pourcentage d'activation de cette hélice.**

Consultez le tableau des indicateurs en page 72-73 et testez chaque élément. IMPORTANT : ne pas traiter plus de trois éléments à la fois au cours d'une reprogrammation.

3. **A. VÉRIFIER quel(s) élément(s) du tableau des indicateurs doit (doivent) être réharmonisé(s) sur cette hélice.**
   B. VÉRIFIER le nombre d'éléments qui doivent être inclus dans la présente reprogrammation.
   C. VÉRIFIER quels éléments spécifiques seront traités dans cette reprogrammation et dans quel ordre les traiter.

IMPORTANT : Si l'on traite plus d'un élément, effectuer les n° 4 à 9 de la 1re étape (Préparation) pour chaque élément séparément, dans l'ordre indiqué au n° 3C. Une fois tous les éléments ainsi traités, passer à la 2e étape (Installation).
Exemple : Au n° 3A, 6 éléments ont été identifiés. Le n° 3B indique qu'on peut inclure deux de ces éléments dans cette reprogrammation. Au n° 3C, on teste *lesquels parmi ceux*

trouvés au n° 3A, puis on teste *dans quel ordre les traiter. Ensuite, on fait les n° 4 à 9 pour chacun de ces éléments, en les traitant dans l'ordre indiqué.*

Pour savoir comment tester un nombre, consultez l'Annexe II. Chaque fois qu'une donnée de l'Annexe III teste, cette donnée sera automatiquement incluse dans la reprogrammation.

4. A. VÉRIFIER combien de données de l'Annexe III doivent être inscrites dans la reprogrammation pour l'élément choisi.

B. VÉRIFIER une à une chaque section de l'Annexe III jusqu'à ce que toutes les données à inscrire aient été identifiées.

Toutes sortes de raisons peuvent expliquer qu'on obtienne un NON ici. On n'a pas à chercher pourquoi. Il faut simplement respecter ce fait.

Il se peut que le programme soit installé dans l'ADN superflu et n'ait pas d'adresse spécifique.

5. VÉRIFIER s'il est approprié pour l'évolution de la personne traitée de procéder à cette reprogrammation maintenant.

Si NON,

A. NE PAS effectuer cette reprogrammation.

B. VÉRIFIER combien de temps (jours, semaines, mois) **on doit laisser passer avant de vérifier à nouveau si l'on peut effectuer cette reprogrammation.**

Si OUI,

VÉRIFIER s'il est nécessaire d'obtenir une adresse spécifique.

Si NON, PASSER au numéro suivant.

Si OUI,

A. VÉRIFIER dans quel chromosome (1 à 46 ...), **quel gène** (1 à 5 000+) **on doit installer le nouveau programme et**

B. VÉRIFIER combien de codons (1 à 30 000+) **comporte ce programme.**

Le plan originel de l'ADN est le schéma antérieur à toute mutation génétique. Si cette information y est toujours latente, elle sera automatiquement incluse dans la reprogrammation.

6. VÉRIFIER si ce programme existait déjà dans le plan originel de l'ADN.

Si OUI,

A. VÉRIFIER si on peut le reproduire ici.

B. VÉRIFIER si l'on doit installer un pont.

Il s'agit d'un thème ou d'un autre programme qui pourrait neutraliser celui que nous sommes en train d'installer.

7. **VÉRIFIER s'il y a un programme et/ou un thème nuisible en résonance (écho) et/ou en dualité (polarité) qui pourrait interférer avec le nouveau programme.**
   TESTER chaque mot de la phrase précédente.

Les mémoires des anciens programmes pourraient interférer avec le nouveau programme.

8. **VÉRIFIER si des mémoires liées à un ou plusieurs ancien(s) programme(s) pourraient empêcher l'intégration dans l'ADN de ce nouveau programme.**
   Si OUI, combien y-a-t-il de mémoires ?

9. **VÉRIFIER si l'hélice est au point zéro.**

   IMPORTANT : Retourner au n° 4 pour réharmoniser les autres éléments prévus dans cette reprogrammation **AVANT** de passer à la 2e étape (Installation).

Deuxième étape du protocole

2e étape – INSTALLATION DE LA REPROGRAMMATION

L'installation de la reprogrammation tient compte de toutes les données trouvées à la première étape.

1. **DIRE :** ***Je commande que ce(s) nouveau(x) programme(s) s'installe(nt) dans le noyau de la cellule maîtresse de l'épiphyse dans toutes les vies et toutes les dimensions.***

À mesure que l'on dit la commande à voix haute, chaque élément énuméré est intégré dans la reprogrammation. Utilisez le ton de la prière ou de l'hypnose.

2. **DIRE :** ***Je commande que, de l'épiphyse, le(s) programme(s) se rende(nt) :***
   A. ***aux glandes endocrines;***
   B. ***au cerveau, au coeur, à la rate, au système nerveux et aux peptides;***
   C. ***aux cellules, au liquide intra et extracellulaire, au vide interstitiel, aux atomes et aux éléments quantiques (quarks, muons et cordelettes, etc.);***
   D. ***à toutes les hélices, à tous les chakras, à tous les corps énergétiques et à l'âme;***
   E. ***autre endroit*** (Annexe III).

Si vous devez savoir lequel, allez à la section 16 de l'Annexe III et trouvez l'endroit.

3. **DIRE :** ***Je commande à l'ARN de se reconnecter et de soutenir ce(s) nouveau(x) programme(s).***

Le plan originel de l'ADN est le schéma antérieur à toute mutation génétique.

4. **DIRE :** ***Je commande aux codons de se remettre dans l'ordre du programme originel parfait même s'il y a eu des inversions de code.***

5. **DIRE :** ***Je commande à la vitesse des photons et à la structure de la spirale de l'ADN de s'ajuster.***

6. **DIRE :** ***Je commande le renouvellement des liens dans le corps calleux, selon le plan originel.***

Pour une définition du télomère et de la télomérase, consultez l'Annexe I.

7. **DIRE :** ***Je commande l'intégrité parfaite du télomère et de la télomérase.***

La liste des systèmes se trouve à l'Annexe VII.

8. **DIRE :** ***Je commande que les déchets des vieux programmes soient mis au point zéro et/ou éliminés à travers les systèmes appropriés.***

9. **DIRE :** ***Je commande que ce(s) nouveau(x) programme(s) soit (soient) parfaitement scellée(s).***

Pour la définition du Merkabah, consultez l'Annexe I.

10. **DIRE :** ***Je commande que le Merkabah soit parfaitement scellé.***

11. **DIRE :** ***Je commande qu'aucune radiation n'affecte l'ADN ou l'ARN.***

12. **DIRE :** ***Je commande que ce(s) nouveau(x) programme(s) s'installe(nt) complètement, et jusqu'à nouvel ordre, dans le bulbe rachidien, ici et maintenant.***

13. **DIRE :** ***Je commande que l'activation et la réharmonisation des éléments de cette hélice soient parfaitement tolérées, parfaitement intégrées et au point zéro.***

POINT ESSENTIEL de la reprogrammation

14. **DIRE :** ***Je commande que la puissance, l'harmonie et la justesse de cette reprogrammation s'installent dans l'ADN et que ce(s) nouveau(x) programme(s) s'active(nt) complètement.***

Troisième étape du protocole

3e étape – CONCLUSION DU PROTOCOLE

Il se peut que le programme, pour être codé convenablement, exige l'installation d'autres données.

15. VÉRIFIER s'il est nécessaire d'intégrer d'autres données à la reprogrammation pour qu'elle soit effective, tolérée et intégrée.
Si OUI,
A. TESTER combien de données doivent être intégrées;
B. ALLER à l'Annexe III et SUIVRE les instructions pour tester quelles données doivent être intégrées;
C. REVENIR au protocole et PASSER au numéro 16.

Ceci clôt le protocole.

16. DIRE : ***Je commande que cette reprogrammation soit tolérée et intégrée, selon le plan originel, dans la fréquence de l'amour, même si les hélices ont été désactivées dans le passé.***

Ceci scelle la reprogrammation.

17. DIRE : ***Je commande que cette régénération soit complète et scellée jusqu'à nouvel ordre de la part de... (nom de la personne traitée).***

Nous voulons nous assurer que nous aurons le temps de bien intégrer ces données avant de recommencer.

18. VÉRIFIER combien de temps (jours, semaines, mois) **on doit laisser passer au minimum avant de procéder à une nouvelle harmonisation sur cette hélice ou sur une autre.**

Sachez qu'au fil de votre travail de réharmonisation/activation des hélices, un système nerveux plus évolué se mettra graduellement en place et de nombreuses cellules du cerveau dont le fonctionnement est aujourd'hui à l'état latent se réactiveront elles aussi. Votre système nerveux devra également s'ajuster à chaque reprogrammation.

C'est pourquoi j'insiste tellement sur l'importance de procéder graduellement. Assurez-vous, tout au long de ce travail, que chaque reprogrammation soit parfaitement tolérée. Prenez soin de demeurer dans votre zone de confort afin que votre corps et vos émotions puissent tolérer les changements qui se produiront. Utilisez ce protocole régulièrement – une fois par semaine ou toutes les deux semaines, par exemple – jusqu'à ce que chaque élément de chaque hélice soit réharmonisé et que chaque hélice soit activée à 100 %. Une fois ce travail commencé, vous pourrez utiliser les autres protocoles sans attendre que ce processus soit entièrement complété.

Dorénavant, pour tous les protocoles qui suivent, il faudra chaque fois déterminer s'il est nécessaire d'installer le programme spécifiquement dans un chromosome et sur un gène ou si c'est superflu. En effet, les chercheurs on découvert que, au lieu du modèle standard selon lequel chaque molécule d'ADN correspond à une molécule d'ARN spécifique qui produit une protéine spécifique, le modèle actuel ressemblerait plutôt à celui de la physique quantique. Une même molécule d'ARN peut produire différentes protéines; les parties de l'ADN superflu qui ne comportent pas de gènes ou ne sont pas codées, et qu'on appelle aussi « ADN poubelle », joueraient un rôle dans l'équation. Mais le plus intéressant, c'est que les gènes peuvent s'influencer mutuellement et fonctionnent en réseau. Dans ce nouveau modèle biologique, l'origine de la réponse génétique résultant d'un signal donné par l'environnement cellulaire n'est pas à sens unique.

PROTOCOLE N° 4

Corriger un programme fautif

À mesure que j'avançais dans le travail de recherche sur la reprogrammation de l'ADN, j'avais toujours à l'esprit l'idée si souvent répandue que nous créons notre réalité. J'ai donc eu l'idée d'élaborer différents protocoles, car j'étais interpellée profondément par le fait que des programmes génétiques nous gouvernent fondamentalement, que nous en soyons conscients ou pas. Les résultats obtenus par mes étudiants et moi-même avec ces protocoles m'ont convaincue qu'il s'agit d'un puissant outil pour nous aider à créer notre réalité non plus à l'aveuglette, sans trop savoir comment, mais selon nos voeux les plus légitimes. Le protocole qui suit explique comment remplacer un programme fautif (ou programme par défaut) par un programme plus adéquat.

Chacun de nous a le droit de tenter de se défaire d'un programme qui ne lui convient pas. Le protocole n° 4 nécessite donc, au préalable, que le programmeur (vous) détermine clairement où se situe le programme fautif et s'il faut le dissoudre ou le mettre au point zéro avant de pouvoir installer un nouveau programme. De plus, et c'est une des conditions essentielles à ce processus, le programmeur doit également déterminer clairement l'intention de la reprogrammation.

Prenons par exemple une personne un peu trop « enveloppée » selon elle malgré qu'elle ait un régime alimentaire sain. Il se peut que son ADN recèle un programme fautif qui empêche les graisses du corps de fondre. Toutefois, il se peut aussi que son embonpoint soit dû à un déséquilibre hormonal, ou encore qu'il constitue en réalité une protection établie par l'intelligence innée de son corps parce qu'un ou plusieurs des systèmes de son organisme chargés de l'élimination des toxines ne fonctionnent pas correctement et ne pourraient pas éliminer convenablement les toxines qui seraient libérées si elle maigrissait. Cet exemple montre qu'il est parfois difficile d'identifier la cause d'un problème dont on veut se défaire, mais il sert à démontrer avec quelle aisance les protocoles nous permettent de reprogrammer notre ADN.

En effet, notre programmeur aux prises avec l'embonpoint n'a pas à déterminer d'avance quelle est la cause de son problème, car l'intelligence innée travaille toujours en fonction de son intention de base qui doit être claire. Disons simplement que, dans ce cas, l'intention de base serait « de remplacer le problème d'embonpoint inscrit génétiquement par celui qui lui permettrait d'être mince tout en restant en santé ». Il peut ensuite entreprendre la reprogrammation avec le protocole n° 4. Dans ce protocole, il déterminera d'abord avec précision où se situe le programme fautif (quel que soit ce programme) – c'est-à-dire dans quel gène de quel chromosome et s'il doit le mettre au point zéro ou le dissoudre. Étant donné que l'intelligence innée sait déjà, grâce à l'intention de base, quel est l'objectif visé, elle indiquera (grâce au test kinésiologique ou autrement) l'adresse du programme fautif qui est en cause, qu'il s'agisse d'un déséquilibre hormonal, de l'incapacité de faire fondre les graisses ou de l'impossibilité d'éliminer les toxines. Le reste du protocole fournira ensuite toutes les données nécessaires pour élaborer le nouveau programme permettant « d'être mince tout en restant en santé » et pour l'ancrer à une adresse précise (un gène d'un chromosome) avec le nombre de codons voulus.

On peut ainsi reprogrammer toutes sortes de programmes fautifs. La tendance à l'autocritique excessive, une allergie physique qui surgit à chaque fois que se présente une situation conflictuelle, le déséquilibre du glucose sanguin présent notamment dans les cas d'hypoglycémie ou de diabète sont autant d'exemples de programmes fautifs que l'on peut remplacer par un nouveau programme. Le protocole de reprogrammation n° 4 vous fera donc découvrir comment désactiver de votre ADN un programme qui ne vous convient pas pour le remplacer par un programme plus adéquat.

PROTOCOLE DE REPROGRAMMATION N° 4

Installation d'un nouveau programme dans un gène fautif

Première étape du protocole

Sert à identifier l'objet du protocole ainsi que les données à inclure dans la reprogrammation.

1re étape – PRÉPARATION

Avant de commencer à tester, émettre l'intention à voix haute : ***Je choisis d'être au point zéro même si je ne sais pas comment.*** Utiliser la kinésiologie (ou autre outil de test) pour trouver les réponses. Les données ainsi obtenues seront automatiquement prises en compte par l'intelligence innée du corps et la conscience du code génétique, en fonction de l'intention.

Dans ce protocole, en préliminaire, avant d'installer un nouveau programme, on dissout ou on met au point zéro l'ancien programme fautif. Exemple de programme fautif : diabète, maladie de Crohn, etc. On commande en disant à voix haute « Je commande...(objet de la commande). » Exemple : « Je commande de mettre au point zéro... »

1. A. **Identifier le programme fautif** (par exemple celui du diabète).
   B. **VÉRIFIER si le programme fautif a une adresse spécifique.**
   Si OUI,
   VÉRIFIER dans quel chromosome (1 à 46...) **et quel gène** (1 à 5 000+) **il se situe.**
   Si NON, passer au point C.
   C. **VÉRIFIER à combien de générations ce programme remonte et si ces générations sont d'origines maternelle ou paternelle.**
   D. **COMMANDER de mettre ce programme au point zéro et/ou de le dissoudre.**

Toutes sortes de raisons peuvent expliquer qu'on obtienne un NON ici. On n'a pas à chercher pourquoi. Il faut simplement respecter ce fait.

2. **VÉRIFIER s'il faut mettre au point zéro et/ou dissoudre le programme fautif avec ses mémoires :**
   A. **dans toutes les vies, toutes les dimensions;**
   B. **dans tous les corps énergétiques et les chakras;**
   C. **dans toutes les hélices et l'âme.**

3. **VÉRIFIER s'il y a des miasmes ou des interférences transgénérationnelles à mettre au point zéro et/ou à dissoudre.**

Exemple : remplacer le programme du diabète par un programme qui assurera le bon fonctionnement du pancréas ou par la croyance en un pancréas sain. Le nouveau programme peut être une nouvelle croyance mentale (Annexe V), une émotion saine (Annexe IV) ou tout autre programme sain (Annexe III).

4. **VÉRIFIER si le gène fautif doit être remplacé par un nouveau programme.**
   Si OUI,
   A. L'identifier d'abord avec la personne.
   B. VÉRIFIER si ce nouveau programme est celui qui doit être installé pour obtenir le résultat souhaité.
   Si OUI, passer au numéro 5.
   Si NON,
   VÉRIFIER quel nouveau programme on doit installer pour obtenir le résultat souhaité (au besoin, tester dans les annexes III, IV, V).
   Si NON, passer au numéro 9.

Toutes sortes de raisons peuvent expliquer qu'on obtienne un NON ici. On n'a pas à chercher pourquoi. Il faut simplement respecter ce fait.

Il se peut que le programme soit installé dans l'ADN superflu et n'ait pas d'adresse spécifique.

5. **VÉRIFIER s'il est approprié pour l'évolution de la personne traitée de procéder maintenant à cette reprogrammation .**
   Si NON,
   A. NE PAS effectuer cette reprogrammation.
   B. VÉRIFIER combien de temps (jours, semaines, mois) **on doit laisser passer avant de vérifier à nouveau si l'on peut effectuer cette reprogrammation.**
   Si OUI,
   VÉRIFIER s'il est nécessaire d'obtenir une adresse spécifique.
   Si NON, PASSER au numéro suivant.
   Si OUI,
   A. VÉRIFIER dans quel chromosome (1 à 46 …), **quel gène** (1 à 5 000+) **on doit installer le nouveau programme et**
   B. VÉRIFIER combien de codons (1 à 30 000+) **comporte ce programme.**

Le plan originel de l'ADN est le schéma antérieur à toute mutation génétique. Si cette information y est toujours latente, elle sera automatiquement incluse dans la reprogrammation.

6. VÉRIFIER si ce nouveau programme existait déjà dans le plan originel de l'ADN.
Si OUI,
   A. VÉRIFIER si on peut le reproduire ici.
   B. VÉRIFIER si l'on doit installer un pont.

Il s'agit d'un thème ou d'un autre programme qui pourrait neutraliser celui que nous sommes en train d'installer.

7. VÉRIFIER s'il y a un programme et/ou un thème nuisible en résonance (écho) et/ou en dualité (polarité) qui pourrait interférer avec le nouveau programme
TESTER chaque mot de la phrase précédente.

Les mémoires des anciens programmes pourraient interférer avec le nouveau programme.

8. VÉRIFIER si des mémoires liées à un ou plusieurs ancien(s) programme(s) pourraient empêcher l'intégration dans l'ADN de ce nouveau programme.
Si OUI, combien y-a-t-il de mémoires ?

Il se peut qu'avant de pouvoir installer le programme, d'autres données doivent y être inscrites.

9. VÉRIFIER s'il est nécessaire d'intégrer d'autres données dans ce programme avant son installation.
Si OUI,
A. TESTER combien de données doivent être intégrées;
B. ALLER à l'Annexe III et SUIVRE les instructions pour tester quelles données doivent être intégrées;
C. REVENIR au protocole et PASSER à l'étape suivante.

Deuxième étape du protocole

2e étape – INSTALLATION DE LA REPROGRAMMATION

L'installation de la reprogrammation tient compte de toutes les données trouvées à la première étape.

1. DIRE : ***Je commande que ce nouveau programme s'installe dans le noyau de la cellule maîtresse de l'épiphyse dans toutes les vies et toutes les dimensions.***

À mesure que l'on dit la commande à voix haute, chaque élément énuméré est intégré dans la reprogrammation. Utilisez le ton de la prière ou de l'hypnose.

Si vous devez savoir lequel, allez à la section 16 de l'Annexe III et trouvez l'endroit.

2. **DIRE :** ***Je commande que, de l'épiphyse, il se rende :***
   A. ***aux glandes endocrines;***
   B. ***au cerveau, au coeur, à la rate, au système nerveux et aux peptides;***
   C. ***aux cellules, au liquide intra et extracellulaire, au vide interstitiel, aux atomes et aux éléments quantiques (quarks, muons et cordelettes, etc.);***
   D. ***à toutes les hélices, à tous les chakras, à tous les corps énergétiques et à l'âme;***
   E. ***autre endroit*** (Annexe III).

3. **DIRE :** ***Je commande à l'ARN de se reconnecter et de soutenir ce nouveau programme.***

Le plan originel de l'ADN est le schéma antérieur à toute mutation génétique.

4. **DIRE :** ***Je commande aux codons de se remettre dans l'ordre du programme originel parfait même s'il y a eu des inversions de code.***

5. **DIRE :** ***Je commande à la vitesse des photons et à la structure de la spirale de l'ADN de s'ajuster.***

6. **DIRE :** ***Je commande le renouvellement des liens dans le corps calleux, selon le plan originel.***

Pour une définition du télomère et de la télomérase, consultez l'Annexe I.

7. **DIRE :** ***Je commande l'intégrité parfaite du télomère et de la télomérase.***

La liste des systèmes se trouve à l'Annexe VII.

8. **DIRE :** ***Je commande que les déchets des vieux programmes soient mis au point zéro et/ou éliminés à travers les systèmes appropriés.***

9. **DIRE :** ***Je commande que ce nouveau programme soit parfaitement scellé.***

Pour la définition du Merkabah, consultez l'Annexe I.

10. **DIRE :** ***Je commande que le Merkabah soit parfaitement scellé.***

11. **DIRE :** ***Je commande qu'aucune radiation n'affecte l'ADN ou l'ARN.***

12. **DIRE :** ***Je commande que ce nouveau programme s'installe complètement, et jusqu'à nouvel ordre, dans le bulbe rachidien, ici et maintenant.***

13. **DIRE :** ***Je commande que cette reprogrammation soit parfaitement tolérée, parfaitement intégrée et au point zéro.***

POINT ESSENTIEL de la reprogrammation

14. **DIRE :** ***Je commande que la puissance, l'harmonie et la justesse de cette reprogrammation s'installent dans l'ADN et que ce nouveau programme s'active complètement.***

Troisième étape du protocole

3e étape – CONCLUSION DU PROTOCOLE

Il se peut que le programme, pour être codé convenablement, exige l'installation d'autres données.

15. **VÉRIFIER s'il est nécessaire d'intégrer d'autres données à la reprogrammation pour qu'elle soit effective, tolérée et intégrée.**
    Si OUI,
    A. TESTER combien de données doivent être intégrées;
    B. ALLER à l'Annexe III et SUIVRE les instructions pour tester quelles données doivent être intégrées;
    C. REVENIR au protocole et PASSER au numéro 16.

Ceci clôt le protocole.

16. **DIRE :** ***Je commande que cette reprogrammation soit tolérée et intégrée, selon le plan originel, dans la fréquence de l'amour, même si les hélices ont été désactivées dans le passé.***

Ceci scelle la reprogrammation.

17. **DIRE :** ***Je commande que cette régénération soit complète et scellée jusqu'à nouvel ordre de la part de... (nom de la personne traitée).***

J'ai reçu d'Hélène C. un témoignage éloquent au sujet de l'utilisation de ce protocole. Avec sa permission, je le partage avec vous :

J'ai travaillé jusqu'ici avec différentes techniques auprès de mes clients, mais le travail direct sur l'ADN avec la kinésiologie m'a montré qu'il n'y a pas de limites et que le résultat est beaucoup plus rapide. Tu peux même voir de tes propres yeux une transformation physique et un changement au niveau de l'énergie chez le client.

En travaillant avec l'ADN de la personne, elle peut se reconnecter énergiquement à elle-même. C'est le plus beau cadeau pour une thérapeute de voir la personne rayonner et être bien. Chaque cas est différent et chaque fois c'est extraordinaire. Par exemple, j'ai vu une personne, dont les triglycérides et le taux de cholestérol étaient élevés, retrouver un équilibre adéquat grâce à la correction d'un gène fautif par la kinésiologie. À son examen médical suivant, son niveau de cholestérol était normal.

PROTOCOLE N° 5

Le nouveau code santé

Au chapitre I, j'ai mentionné rapidement le fait que les acides nucléiques de l'ADN (les A, T, G et C) se combinent par paires et que ces paires se combinent de nouveau trois par trois pour former des codons. L'ensemble « AT CG GC », par exemple, est un codon, soit une de ces 64 combinaisons possibles. J'indiquais aussi que sur les 64 combinaisons possibles, seulement 20 sont actives chez les humains sur toute la planète, plus trois autres qui servent de déclencheur ou d'interrupteur de code. Tous les autres codons ont toujours été considérés par la science comme des codons inactifs, vestiges de notre passé génétique.

Pourtant, à l'heure actuelle, des enfants naissent avec 24 combinaisons actives plutôt que 20. Ces enfants sont nés avec le SIDA, mais ils sont maintenant complètement guéris ! Ces quatre nouveaux codons semblent constituer un programme ou code de la santé parfaite. Or, comme ce programme à quatre codons existe maintenant dans le « pool » génétique humain, il devient par le fait même disponible pour l'ensemble de la race humaine. En d'autres mots, en lisant cette information à propos de ces milliers d'enfants dans le monde, j'ai compris que nous pouvions nous aussi installer ce nouveau code dans notre ADN. Je l'ai baptisé le « code santé ». Voici donc le protocole que j'ai créé pour l'installation du code santé dans nos gènes.

PROTOCOLE DE REPROGRAMMATION N° 5

Installation du nouveau code santé

Première étape du protocole

Sert à identifier l'objet du protocole ainsi que les données à inclure dans la reprogrammation.

1re étape – PRÉPARATION

Avant de commencer à tester, émettre l'intention à voix haute : ***Je choisis d'être au point zéro même si je ne sais pas comment.*** Utiliser la kinésiologie (ou autre outil de test) pour trouver les réponses. Les données ainsi obtenues seront automatiquement prises en compte par l'intelligence innée du corps et la conscience du code génétique, en fonction de l'intention. .

Toutes sortes de raisons peuvent expliquer qu'on obtienne un NON ici. On n'a pas à chercher pourquoi. Il faut simplement respecter ce fait.

1. **VÉRIFIER s'il est approprié pour l'évolution de la personne traitée d'installer un programme pour avoir accès à la santé parfaite**
   - **A. en général, OU**
   - **B. à propos d'une situation particulière à inscrire dans cette session.**

     Si OUI, VÉRIFIER de quelle situation spécifique il s'agit.

     Si NON,
     - **a) NE PAS effectuer cette reprogrammation.**
     - **b) VÉRIFIER combien de temps** (jours, semaines, mois) **on doit laisser passer avant de vérifier à nouveau si l'on peut effectuer cette reprogrammation.**

Il se peut que le programme soit installé dans l'ADN superflu et n'ait pas d'adresse spécifique.

Le code santé pourrait comporter 4 codons, comme c'est le cas pour certains enfants.

2. **VÉRIFIER si le code santé doit être inscrit à une adresse spécifique.**

   Si NON, passer au numéro 3.

   Si OUI,
   - **A. VÉRIFIER dans quel chromosome** (1 à 46...) **et quel gène** (1 à 5 000+) **il doit être inscrit.**
   - **B. VÉRIFIER si le code santé comporte 4 codons.**
     Si NON, VÉRIFIER le nombre de codons (1 à 30 000+) **il comporte.**

Les combinaisons qui ne fonctionnent pas seront automatiquement inscrites dans la reprogrammation.

3. **VÉRIFIER s'il y a une ou plusieurs combinaisons de codons qui ne fonctionnent pas.**

Testez chacun de ces éléments (A à L). Les données trouvées ici servent à construire le nouveau programme. Elles s'inscriront automatiquement dans la reprogrammation.

4. VÉRIFIER si la personne traitée a le code génétique lui permettant de :
- **A. se reposer sans être malade;**
- **B. changer de fréquence sans être malade;**
- **C. être aimée sans être malade;**
- **D. vivre avec la santé parfaite;**
- **E. être dans son corps sans être malade;**
- **F. faire confiance à son corps pour qu'il puisse être en santé;**
- **G. s'arrêter pour réfléchir sans être malade;**
- **H. accepter qu'on prenne soin d'elle sans être malade;**
- **I. être fatiguée sans être malade;**
- **J. faire partie de sa famille génétique sans être malade;**
- **K. vibrer à la fréquence de son Essence sans être malade;**
- **L. autre blessure émotionnelle ou mentale** (trouver ce qui est pertinent à cette personne à l'Annexe IV et l'Annexe V) **sans être malade**.

Le plan originel de l'ADN est le schéma antérieur à toute mutation génétique. Si cette information y est toujours latente, elle sera automatiquement incluse dans la reprogrammation.

5. VÉRIFIER si le code santé existait déjà dans le plan originel de l'ADN.
Si OUI,
- **A. VÉRIFIER si on peut le reproduire ici.**
- **B. VÉRIFIER si l'on doit installer un pont.**

Il s'agit d'un thème ou d'un autre programme qui pourrait neutraliser celui que nous sommes en train d'installer.

6. VÉRIFIER s'il y a un programme et/ou un thème nuisible en résonance (écho) et/ou en dualité (polarité) qui pourrait interférer avec le code santé
TESTER chaque mot de la phrase précédente.

Les mémoires des anciens programmes pourraient interférer avec le nouveau programme.

7. VÉRIFIER s'il y a des mémoires liées à la peur que sa propre maladie ou celle d'un autre membre de la famille ne revienne, ou à un autre programme pro-maladie.
Si OUI, combien y a-t-il de mémoires ?

8. VÉRIFIER s'il y a un blocage qui empêche la personne d'être parfaitement scellé.

9. **VÉRIFIER si le code santé est actif sur toutes les hélices.**

Chaque fois que l'on vérifie quelque chose, cette donnée sera automatiquement incluse dans la reprogrammation.

10. **VÉRIFIER s'il y a des miasmes ou des interférences transgénérationnelles à mettre au point zéro et/ou à dissoudre.**

11. **VÉRIFIER le pourcentage d'intégrité de l'ARN et du mécanisme de la réponse immunitaire.**

Il se peut qu'avant de pouvoir installer le programme, d'autres données doivent y être inscrites.

12. **VÉRIFIER s'il est nécessaire d'intégrer d'autres données dans ce programme avant son installation.**
    Si OUI,
    A. TESTER combien de données doivent être intégrées;
    B. ALLER à l'Annexe III et SUIVRE les instructions pour tester quelles données doivent être intégrées;
    C. REVENIR au protocole et PASSER à l'étape suivante.

Deuxième étape du protocole

2e étape – INSTALLATION DE LA REPROGRAMMATION

L'installation de la reprogrammation tient compte de toutes les données trouvées à la première étape.

1. **DIRE :** ***Je commande que ce nouveau programme s'installe dans le noyau de la cellule maîtresse de l'épiphyse dans toutes les vies et toutes les dimensions.***

À mesure que l'on dit la commande à voix haute, chaque élément énuméré est intégré dans la reprogrammation. Utilisez le ton de la prière ou de l'hypnose.

Si vous devez savoir lequel, allez à la section 16 de l'Annexe III et trouvez l'endroit.

2. **DIRE :** ***Je commande que, de l'épiphyse, il se rende :***
    A. ***aux glandes endocrines;***
    B. ***au cerveau, au coeur, à la rate, au système nerveux et aux peptides;***
    C. ***aux cellules, au liquide intra et extracellulaire, au vide interstitiel, aux atomes et aux éléments quantiques (quarks, muons et cordelettes, etc.);***
    D. ***à toutes les hélices, à tous les chakras, à tous les corps énergétiques et à l'âme;***
    E. ***autre endroit*** (Annexe III).

3. **DIRE :** ***Je commande à l'ARN de se reconnecter et de soutenir ce nouveau programme.***

Le plan originel de l'ADN est le schéma antérieur à toute mutation génétique.

4. **DIRE : *Je commande aux codons de se remettre dans l'ordre du programme originel parfait même s'il y a eu des inversions de code.***

5. **DIRE : *Je commande à la vitesse des photons et à la structure de la spirale de l'ADN de s'ajuster.***

6. **DIRE : *Je commande le renouvellement des liens dans le corps calleux, selon le plan originel.***

Pour une définition du télomère et de la télomérase, consultez l'Annexe I.

7. **DIRE : *Je commande l'intégrité parfaite du télomère et de la télomérase.***

La liste des systèmes se trouve à l'Annexe VII.

8. **DIRE : *Je commande que les déchets des vieux programmes soient mis au point zéro et/ou éliminés à travers les systèmes appropriés.***

9. **DIRE : *Je commande que ce nouveau programme soit parfaitement scellé.***

Pour la définition du Merkabah, consultez l'Annexe I.

10. **DIRE : *Je commande que le Merkabah soit parfaitement scellé.***

11. **DIRE : *Je commande qu'aucune radiation n'affecte l'ADN ou l'ARN.***

12. **DIRE : *Je commande que ce nouveau programme s'installe complètement, et jusqu'à nouvel ordre, dans le bulbe rachidien, ici et maintenant.***

13. **DIRE : *Je commande que cette reprogrammation soit parfaitement tolérée, parfaitement intégrée et au point zéro.***

POINT ESSENTIEL de la reprogrammation

14. **DIRE : *Je commande que la puissance, l'harmonie et la justesse de cette reprogrammation s'installent dans l'ADN et que ce nouveau programme s'active complètement.***

Troisième étape du protocole

3e étape – CONCLUSION DU PROTOCOLE

Il se peut que le programme, pour être codé convenablement, exige l'installation d'autres données.

15. VÉRIFIER s'il est nécessaire d'intégrer d'autres données à la reprogrammation pour qu'elle soit effective, tolérée et intégrée.
Si OUI,
A. TESTER combien de données doivent être intégrées;
B. ALLER à l'Annexe III et SUIVRE les instructions pour tester quelles données doivent être intégrées;
C. REVENIR au protocole et PASSER au numéro 16.

Ceci clôt le protocole.

16. DIRE : *Je commande que cette reprogrammation soit tolérée et intégrée, selon le plan originel, dans la fréquence de l'amour, même si les hélices ont été désactivées dans le passé.*

Ceci scelle la reprogrammation.

17. DIRE : *Je commande que cette régénération soit complète et scellée jusqu'à nouvel ordre de la part de... (nom de la personne traitée).*

À propos de ce protocole, Chantal C. m'a fait parvenir un témoignage tout ce qu'il y a de plus éloquent sur l'efficacité du nouveau code santé :

Grâce à l'installation du code santé dans mon ADN, je n'ai plus de grippe ou de rhume. Auparavant, je pouvais en avoir quatre ou cinq par année qui duraient cinq à dix jours. Depuis, j'en ai eu une de deux jours en deux ans. C'est merveilleux !

PROTOCOLE N° 6

Protocole général pour installer un nouveau programme

Le dernier protocole, outre le fait qu'il nous permet d'installer le nouveau code santé, nous apprend autre chose : nous pouvons installer des nouveaux programmes dans notre ADN – pas seulement celui du code santé sans qu'il s'agisse nécessairement de contrer un gène fautif. Voilà pourquoi j'ai élaboré le protocole n° 6 intitulé « Protocole général pour installer un nouveau programme ».

Vous pouvez vous servir de ce protocole pour installer tout nouveau programme qui vous semblera adéquat. Supposons que vous ayez décidé de retourner à l'université pour réorienter votre carrière. Disons que vous avez choisi de faire un baccalauréat en psychologie. Vous réussissez très bien la plupart de vos cours, sauf celui sur les statistiques. Les mathématiques ne vous ont jamais intéressé et vous vous êtes toujours contenté du minimum de connaissances requises dans ce domaine, parce que ça ne vous servait pas. Mais cette fois, vous devez absolument réussir ce cours pour pouvoir obtenir votre diplôme et vous trouvez cet apprentissage extrêmement difficile. Vous pourriez choisir d'installer dans votre ADN superflu un nouveau programme pour comprendre aisément les mathématiques.

Avec le protocole n° 6, il est encore plus important qu'auparavant de déterminer avec précision quelle est votre intention de base. J'utiliserai un autre exemple pour illustrer ceci. Nous savons tous qu'il existe dans notre environnement des émissions de fréquences à bas voltage, comme les radiations des satellites, les fréquences cellulaires, les fréquences HAARP et bien d'autres encore. Nous ne sommes généralement pas conscients de ces fréquences dans notre corps et au quotidien, mais tout indique qu'elles nous affectent bel et bien. Comme notre but est de devenir les maîtres de notre ADN, et donc de notre être et de notre réalité, nous pourrions décider d'installer un programme qui protégerait notre ADN de ces fréquences étrangères indésirables. Il suffirait de stabiliser la fréquence électrique de notre propre ADN à un niveau suffisamment élevé pour qu'elle agisse en quelque sorte comme une serrure bloquant l'accès aux fréquences à bas voltage de sorte qu'elles ne puissent pas altérer notre ADN.

Pour installer ce nouveau programme de blocage cellulaire, il vous faut d'abord déterminer à quelle fréquence vous voulez stabiliser votre ADN. Une fréquence de 1,1 GHz (gigahertz) conviendra à la plupart des gens, mais il est important que vous déterminiez avec précision la fréquence qui convient pour vous. Par conséquent, avant de commencer la reprogrammation avec le protocole, vous testerez d'abord si la fréquence 1,1 GHz est adéquate dans votre cas. Si vous obtenez un NON, demandez si la fréquence dont vous avez besoin est plus élevée ou plus basse que 1,1 GHz, puis procédez par kinésiologie pour trouver la fréquence adéquate pour vous. Une fois que vous l'avez trouvée, formulez votre intention de base. Par exemple : « installer un blocage cellulaire contre les fréquences à bas voltage en stabilisant la fréquence électrique de mon ADN à 1,1 GHz ». Vérifiez ensuite si cette intention est bien celle qui vous procurera les résultats que vous souhaitez. Il se peut en effet que l'intention : « installer un programme de blocage cellulaire contre les fréquences nuisibles » soit suffisante et que vous n'ayez pas à vous préoccuper de la fréquence à 1,1 GHz pour obtenir le résultat souhaité. Quelle que soit sa forme, c'est cette intention de base qui guidera l'intelligence innée tout au long de la reprogrammation.

Le protocole n° 6 permet d'installer toutes sortes de nouveaux programmes, dans la mesure où notre intention de base est claire. Au moment où je rédigeais ce livre, l'Amérique et le Québec étaient plongés dans la peur d'une attaque terroriste biologique. Un de mes étudiants m'a téléphoné pour me suggérer d'installer dans l'ADN un **code de « transmutation des armes biologiques »** ! Une fois votre intention de base clairement définie, suivez les instructions du protocole n° 6 pour installer ce nouveau programme dans votre ADN.

PROTOCOLE DE REPROGRAMMATION N° 6

Protocole général pour installer un nouveau programme

Première étape du protocole

Sert à identifier l'objet du protocole ainsi que les données à inclure dans la reprogrammation.

Exemple : programme de blocage cellulaire par la stabilisation de la fréquence électrique de l'ADN à 1,1 GHz.

1re étape – PRÉPARATION

Avant de commencer à tester, émettre l'intention à voix haute : ***Je choisis d'être au point zéro même si je ne sais pas comment.*** Utiliser la kinésiologie (ou autre outil de test) pour trouver les réponses. Les données ainsi obtenues seront automatiquement prises en compte par l'intelligence innée du corps et la conscience du code génétique, en fonction de l'intention.

1. A. Identifier avec précision le programme que l'on veut installer et le DIRE à voix haute.

B. VÉRIFIER si ce programme est approprié en fonction des objectifs de la personne traitée.
Si NON, trouver une autre formulation et VÉRIFIER de nouveau, jusqu'à l'obtention d'un OUI.

Toutes sortes de raisons peuvent expliquer qu'on obtienne un NON ici. On n'a pas à chercher pourquoi. Il faut simplement respecter ce fait.

Il se peut que le programme soit installé dans l'ADN superflu et n'ait pas d'adresse spécifique.

2. VÉRIFIER s'il est approprié pour l'évolution de la personne traitée de procéder à cette reprogrammation maintenant.

Si NON,

A. NE PAS effectuer cette reprogrammation.

B. VÉRIFIER combien de temps (jours, semaines, mois) **on doit laisser passer avant de vérifier à nouveau si l'on peut effectuer cette reprogrammation.**

Si OUI,

VÉRIFIER s'il est nécessaire d'obtenir une adresse spécifique.

Si NON, PASSER au numéro suivant.

Si OUI,

A. VÉRIFIER dans quel chromosome (1 à 46 ...), **quel gène** (1 à 5 000+) **on doit installer le nouveau programme et**

B. VÉRIFIER combien de codons (1 à 30 000+) **comporte ce programme.**

Le plan originel de l'ADN est le schéma antérieur à toute mutation génétique. Si cette information y est toujours latente, elle sera automatiquement incluse dans la reprogrammation.

3. VÉRIFIER si ce programme existait déjà dans le plan originel de l'ADN.
Si OUI,
   A. VÉRIFIER si on peut le reproduire ici.
   B. VÉRIFIER si l'on doit installer un pont.

Il s'agit d'un thème ou d'un autre programme qui pourrait neutraliser celui que nous sommes en train d'installer.

4. VÉRIFIER s'il y a un programme et/ou un thème nuisible en résonance (écho) et/ou en dualité (polarité) qui pourrait interférer avec le nouveau programme.
TESTER chaque mot de la phrase précédente.

Les mémoires des anciens programmes pourraient interférer avec le nouveau programme.

5. VÉRIFIER si des mémoires liées à un ou plusieurs ancien(s) programme(s) pourraient empêcher l'intégration dans l'ADN de ce nouveau programme.
Si OUI, combien y a-t-il de mémoires ?

Testez chaque élément. Si on obtient un NON à « tous les corps énergétiques », par exemple, on peut tester sur quels corps il doit être installé.

6. VÉRIFIER s'il faut installer le programme dans tous les corps énergétiques, dans toutes les vies, toutes les dimensions, l'âme.

7. VÉRIFIER s'il y a des miasmes et/ou des interférences transgénérationnelles à mettre au point zéro et/ou à dissoudre.

8. VÉRIFIER le pourcentage d'intégrité de l'ARN et celui du mécanisme de la réponse immunitaire.

Il se peut qu'avant de pouvoir installer le programme, d'autres données doivent y être inscrites.

9. VÉRIFIER s'il est nécessaire d'intégrer d'autres données dans ce programme avant son installation.
Si OUI,
A. TESTER combien de données doivent être intégrées;
B. ALLER à l'Annexe III et SUIVRE les instructions pour tester quelles données doivent être intégrées;
C. REVENIR au protocole et PASSER à l'étape suivante.

Deuxième étape du protocole

2e étape – INSTALLATION DE LA REPROGRAMMATION

L'installation de la reprogrammation tient compte de toutes les données trouvées à la première étape.

1. **DIRE :** ***Je commande que ce nouveau programme s'installe dans le noyau de la cellule maîtresse de l'épiphyse dans toutes les vies et toutes les dimensions.***

À mesure que l'on dit la commande à voix haute, chaque élément énuméré est intégré dans la reprogrammation. Utilisez le ton de la prière ou de l'hypnose.

Si vous devez savoir lequel, allez à la section 16 de l'Annexe III et trouvez l'endroit.

2. **DIRE :** ***Je commande que, de l'épiphyse, il se rende :***
   A. ***aux glandes endocrines;***
   B. ***au cerveau, au coeur, à la rate, au système nerveux et aux peptides;***
   C. ***aux cellules, au liquide intra et extracellulaire, au vide interstitiel, aux atomes et aux éléments quantiques (quarks, muons et cordelettes, etc.);***
   D. ***à toutes les hélices, à tous les chakras, à tous les corps énergétiques et à l'âme;***
   E. ***autre endroit*** (Annexe III).

3. **DIRE :** ***Je commande à l'ARN de se reconnecter et de soutenir ce nouveau programme.***

Le plan originel de l'ADN est le schéma antérieur à toute mutation génétique.

4. **DIRE :** ***Je commande aux codons de se remettre dans l'ordre du programme originel parfait même s'il y a eu des inversions de code.***

5. **DIRE :** ***Je commande à la vitesse des photons et à la structure de la spirale de l'ADN de s'ajuster.***

6. **DIRE :** ***Je commande le renouvellement des liens dans le corps calleux, selon le plan originel.***

Pour une définition du télomère et de la télomérase, consultez l'Annexe I.

7. **DIRE :** ***Je commande l'intégrité parfaite du télomère et de la télomérase.***

La liste des systèmes se trouve à l'Annexe VII.

8. **DIRE :** ***Je commande que les déchets des vieux programmes soient mis au point zéro et/ou éliminés à travers les systèmes appropriés.***

9. **DIRE :** ***Je commande que la reprogrammation soit parfaitement scellée.***

Pour la définition du Merkabah, consultez l'Annexe I.

10. **DIRE :** ***Je commande que le Merkabah soit parfaitement scellé.***

11. **DIRE :** ***Je commande qu'aucune radiation n'affecte l'ADN ou l'ARN.***

12. **DIRE :** ***Je commande que ce nouveau programme s'installe complètement, et jusqu'à nouvel ordre, dans le bulbe rachidien, ici et maintenant.***

13. **DIRE :** ***Je commande que cette reprogrammation soit parfaitement tolérée, parfaitement intégrée et au point zéro.***

POINT ESSENTIEL de la reprogrammation

14. **DIRE :** ***Je commande que la puissance, l'harmonie et la justesse de cette reprogrammation s'installent dans l'ADN et que ce nouveau programme s'active complètement.***

Troisième étape du protocole

3e étape – CONCLUSION DU PROTOCOLE

Il se peut que le programme, pour être codé convenablement, exige l'installation d'autres données.

15. **VÉRIFIER s'il est nécessaire d'intégrer d'autres données à la reprogrammation pour qu'elle soit effective, tolérée et intégrée.**
    Si OUI,
    A. TESTER combien de données doivent être intégrées;
    B. ALLER à l'Annexe III et SUIVRE les instructions pour tester quelles données doivent être intégrées;
    C. REVENIR au protocole et PASSER au numéro 16.

Ceci clôt le protocole.

16. **DIRE :** ***Je commande que cette reprogrammation soit tolérée et intégrée, selon le plan originel, dans la fréquence de l'amour, même si les hélices ont été désactivées dans le passé.***

Ceci scelle la reprogrammation.

17. **DIRE :** ***Je commande que cette régénération soit complète et scellée jusqu'à nouvel ordre de la part de... (nom de la personne traitée).***

PROTOCOLE DE REPROGRAMMATION N° 7

La fontaine de jouvence de l'ADN

Les derniers protocoles vous ont peut-être amené à saisir qu'une fois qu'on a compris comment reprogrammer notre ADN, un monde infini de possibilités s'offre à nous. Le protocole n° 7 se situe dans le prolongement de ceux qui précèdent.

De tout temps, l'être humain s'est rendu compte qu'au moment où il a acquis suffisamment d'expérience pour devenir vraiment créatif dans sa vie et pour contribuer de façon significative à la sagesse collective de l'humanité, son corps et parfois son esprit commencent à se détériorer. Ceci est bien illustré par le dicton « si jeunesse savait, si vieillesse pouvait ». N'est-il pas illogique que plus nous devenons des humains complets, sages et compétents, moins notre corps nous permet d'agir ? Que plus nous avançons en âge, plus nous avons de moyens, plus la vie raccourcit pour nous ? Pourtant, nous connaissons tous des personnes qui, à 75, 80 et même 90 ou 100 ans, sont presque aussi « vertes » que dans leurs jeunes années, tant sur le plan physique que sur le plan mental. On dirait que ces personnes sont nées avec un ADN qui leur procure jeunesse et longévité. Bien entendu, comme je vis moi-même dans un corps et que j'aime de plus en plus la vie – et moi-même – à mesure que je vieillis, j'ai eu l'idée de créer un protocole permettant d'installer le programme de la jeunesse et de la longévité. C'est le protocole n° 7.

Vous remarquerez sans doute que, dans ce protocole, j'inclus de façon très marquée dans sa préparation toute une section portant sur l'état d'amour. Il en est ainsi parce que plus nous sommes capables de croire et de maintenir l'état d'amour, moins nous vieillissons. En effet, la dualité des conflits – qu'ils soient intérieurs ou extérieurs – nous épuise et nous fait vieillir.

En réinstallant le programme de la jeunesse et de la longévité, nous opérons une rééducation de nos cellules pour qu'elles puissent vivre dans l'état d'amour. Telle est l'image qu'il nous faut instaurer et conserver dans notre nouvelle biologie. Notre ADN recèle le schéma directeur de nos traits hérités ainsi que de notre plan de vie, mais il contient aussi les codes de l'histoire de l'univers ainsi que toute l'information relative à la réalité de l'amour. Il suffit de réveiller, de réactiver ce code qui sera ensuite conservé facilement et aisément à l'intérieur de chacune de nos cellules.

Plusieurs de mes étudiants m'ont mentionné qu'ils avaient rajeuni depuis qu'ils avaient installé ce programme avec le protocole n° 7. Le témoignage de Diane B. à cet égard est typique des commentaires que j'ai reçus à propos de ce protocole :

Depuis que j'ai commencé à utiliser l'intuition médicale, j'ai commencé à rajeunir. Je croyais que ça allait arrêter, mais quand j'ai fait le cours sur l'ADN, ça s'est ancré davantage. C'est vraiment fantastique ! Il faut le voir pour le croire – ou le vivre.

PROTOCOLE DE REPROGRAMMATION N° 7

Installation du programme de la jeunesse et de la longévité

Première étape du protocole

Sert à identifier l'objet du protocole ainsi que les données à inclure dans la reprogrammation.

1re étape – PRÉPARATION

Avant de commencer à tester, émettre l'intention à voix haute : ***Je choisis d'être au point zéro même si je ne sais pas comment.*** Utiliser la kinésiologie (ou autre outil de test) pour trouver les réponses. Les données ainsi obtenues seront automatiquement prises en compte par l'intelligence innée du corps et la conscience du code génétique, en fonction de l'intention.

Toutes sortes de raisons peuvent expliquer qu'on obtienne un NON ici. On n'a pas à chercher pourquoi. Il faut simplement respecter ce fait.

1. A. VÉRIFIER s'il est approprié pour l'évolution de la personne traitée d'installer le <u>programme de la jeunesse et de la longévité</u>
   - **a) en général, OU**
   - **b) à propos d'une situation particulière à inscrire dans cette session.**
     Si OUI, VÉRIFIER de quelle situation spécifique il s'agit.

Toutes sortes de raisons peuvent expliquer qu'on obtienne un NON ici. On n'a pas à chercher pourquoi. Il faut simplement respecter ce fait.

B. VÉRIFIER s'il est approprié d'installer ce programme maintenant.
Si NON,
   - **a) NE PAS effectuer cette reprogrammation.**
   - **b) VÉRIFIER combien de temps** (jours, semaines, mois) **on doit laisser passer avant de vérifier à nouveau si l'on peut effectuer cette reprogrammation.**

Il se peut que le programme soit installé dans l'ADN superflu et n'ait pas d'adresse spécifique.

Si OUI,
VÉRIFIER s'il est nécessaire d'obtenir une adresse spécifique.
Si NON, PASSER au numéro suivant.
Si OUI,
   - **a) VÉRIFIER dans quel chromosome** (1 à 46...), **quel gène** (1 à 5 000+) **on doit installer le nouveau programme et**
   - **b) VÉRIFIER combien de codons** (1 à 30 000+) **comporte ce programme.**

Cette donnée sera automatiquement incluse dans la reprogrammation

2. **VÉRIFIER si le programme du vieillissement et de la mort peut coexister avec le programme de la jeunesse et de la longévité.**

Avant d'installer le programme de la jeunesse et de la longévité, il faut mettre au point zéro ou dissoudre le programme du vieillissement et de la mort.

3. **VÉRIFIER s'il faut mettre au point zéro et/ou dissoudre le programme du vieillissement et de la mort avec ses mémoires :**
    - **a) dans toutes les vies, toutes les dimensions;**
    - **b) dans tous les corps énergétiques, les chakras;**
    - **c) dans toutes les hélices et l'âme.**

4. **VÉRIFIER si le programme de la jeunesse et de la longévité existait déjà dans le plan originel de l'ADN.**
   Si OUI,
    - **A. VÉRIFIER si on peut le reproduire ici.**
    - **B. VÉRIFIER si l'on doit installer un pont.**

Il s'agit d'un thème ou d'un autre programme qui pourrait neutraliser celui que nous sommes en train d'installer.

5. **VÉRIFIER s'il y a un programme et/ou un thème nuisible en résonance (écho) et/ou en dualité (polarité) qui pourrait interférer avec le nouveau programme.**
   TESTER chaque mot de la phrase précédente.

Les mémoires des anciens programmes pourraient interférer avec le nouveau programme.

6. **VÉRIFIER s'il y a des mémoires liées au programme du vieillissement et de la mort qui pourraient empêcher l'intégration dans l'ADN du nouveau programme de la jeunesse et de la longévité.**
   Si OUI, combien y a-t-il de mémoires ?

7. **VÉRIFIER s'il y a des miasmes et/ou des interférences transgénérationnelles à mettre au point zéro et/ou à dissoudre.**

Pour savoir comment tester un nombre, consultez l'Annexe II.

8. **VÉRIFIER combien de patterns ou d'événements sont associés au programme du vieillissement et de la mort.**

Émettre les commandes à voix haute. Le processus de résolution de conflits et des états de crise épuise les forces vitales. On commande donc au corps de puiser dans l'état d'amour plutôt que dans l'énergie vitale pour la résolution de conflits.

9. A. DIRE : ***Je commande que le <u>programme de la jeunesse et de la longévité</u> soit installé dans l'état d'amour, au point zéro, en dehors de la dualité.***

B. DIRE : ***Je commande que les liens qui permettent d'utiliser l'état d'amour au point zéro plutôt que la force vitale pour la résolution de conflits soient refaits au niveau de l'ADN.***

Pour savoir comment tester un nombre, consultez l'Annexe II.

10. VÉRIFIER le pourcentage de capacité de la personne traitée à :

A. utiliser l'état d'amour *au point zéro* pour installer ce programme ____ %;

B. maintenir l'état d'amour *au point zéro*____ %;

C. croire en l'état d'amour *au point zéro*____ %;

D. installer l'état d'amour *au point zéro* dans ses gènes____ %;

E. utiliser l'état d'amour *au point zéro* pour créer ce qu'elle désire dans sa vie____ %.

Il se peut qu'avant de pouvoir installer le programme, d'autres données doivent y être inscrites.

11. VÉRIFIER s'il est nécessaire d'intégrer d'autres données dans ce programme avant son installation. Si OUI,

A. TESTER combien de données doivent être intégrées;

B. ALLER à l'Annexe III et SUIVRE les instructions pour tester quelles données doivent être intégrées;

C. REVENIR au protocole et PASSER à l'étape suivante.

Deuxième étape du protocole

2e étape –INSTALLATION DE LA REPROGRAMMATION

L'installation de la reprogrammation tient compte de toutes les données trouvées à la première étape.

1. DIRE : ***Je commande que ce nouveau programme s'installe dans le noyau de la cellule maîtresse de l'épiphyse dans toutes les vies et toutes les dimensions.***

À mesure que l'on dit la commande à voix haute, chaque élément énuméré est intégré dans la reprogrammation. Utilisez le ton de la prière ou de l'hypnose.

Si vous devez savoir lequel, allez à la section 16 de l'Annexe III et trouvez l'endroit.

2. **DIRE : *Je commande que, de l'épiphyse, il se rende :***
   - A. ***aux glandes endocrines;***
   - B. ***au cerveau, au coeur, à la rate, au système nerveux et aux peptides;***
   - C. ***aux cellules, au liquide intra et extracellulaire, au vide interstitiel, aux atomes et aux éléments quantiques (quarks, muons et cordelettes, etc.);***
   - D. ***à toutes les hélices, à tous les chakras, à tous les corps énergétiques et à l'âme;***
   - E. ***autre endroit*** (Annexe III).

3. **DIRE : *Je commande à l'ARN de se reconnecter et de soutenir ce nouveau programme.***

Le plan originel de l'ADN est le schéma antérieur à toute mutation génétique.

4. **DIRE : *Je commande aux codons de se remettre dans l'ordre du programme originel parfait même s'il y a eu des inversions de code.***

5. **DIRE : *Je commande à la vitesse des photons et à la structure de la spirale de l'ADN de s'ajuster.***

6. **DIRE : *Je commande le renouvellement des liens dans le corps calleux, selon le plan originel.***

Pour une définition du télomère et de la télomérase, consultez l'Annexe I.

7. **DIRE : *Je commande l'intégrité parfaite du télomère et de la télomérase.***

La liste des systèmes se trouve à l'Annexe VII.

8. **DIRE : *Je commande que les déchets des vieux programmes soient mis au point zéro et/ou éliminés à travers les systèmes appropriés.***

9. **DIRE : *Je commande que ce nouveau programme soit parfaitement scellé.***

Pour la définition du Merkabah, consultez l'Annexe I.

10. **DIRE : *Je commande que le Merkabah soit parfaitement scellé.***

11. DIRE : ***Je commande qu'aucune radiation n'affecte l'ADN ou l'ARN.***

12. DIRE : ***Je commande que ce nouveau programme s'installe complètement, et jusqu'à nouvel ordre, dans le bulbe rachidien, ici et maintenant.***

13. DIRE : ***Je commande que cette reprogrammation soit parfaitement tolérée, parfaitement intégrée et au point zéro.***

POINT ESSENTIEL de la reprogrammation

14. DIRE : ***Je commande que la puissance, l'harmonie et la justesse de cette reprogrammation s'installent dans l'ADN et que ce nouveau programme s'active complètement.***

Troisième étape du protocole

3e étape – CONCLUSION DU PROTOCOLE

Il se peut que le programme, pour être codé convenablement, exige l'installation d'autres données.

15. VÉRIFIER s'il est nécessaire d'intégrer d'autres données à la reprogrammation pour qu'elle soit effective, tolérée et intégrée.
Si OUI,
A. TESTER combien de données doivent être intégrées;
B. ALLER à l'Annexe III et SUIVRE les instructions pour tester quelles données doivent être intégrées;
C. REVENIR au protocole et PASSER au numéro 16.

Ceci clôt le protocole.

16. DIRE : ***Je commande que cette reprogrammation soit tolérée et intégrée, selon le plan originel, dans la fréquence de l'amour, même si les hélices ont été désactivées dans le passé.***

Ceci scelle la reprogrammation.

17. DIRE : ***Je commande que cette régénération soit complète et scellée jusqu'à nouvel ordre de la part de... (nom de la personne traitée).***

PROTOCOLE N° 8

Réparer nos gènes

Dans le monde dit « civilisé » où nous vivons, il arrive fréquemment que nous soyons en contact avec des substances capables d'endommager nos gènes. Qu'il s'agisse de produits chimiques, de guerres virales, de virus échappés des laboratoires expérimentaux, de manipulations génétiques de nos aliments ou de la consommation d'aliments transgéniques, nous sommes tous susceptibles d'avoir subi ou de subir dans le futur des altérations génétiques qui ne sont pas toujours adéquates pour nos systèmes. On sait par exemple que certains virus de la grippe peuvent s'installer à l'intérieur d'un chromosome et affecter certains gènes. Une infection peut agir comme un vecteur, c'est-à-dire qu'une fois le virus mort, il reste du matériel génétique qui s'infiltre dans la cellule, pénètre dans le chromosome et y installe de nouveaux codes protéiniques qui agissent comme des commandes cellulaires. Il arrive aussi que des informations génétiques erronées s'infiltrent dans nos gènes avec pour conséquence une altération des mécanismes de reproduction cellulaire. Enfin, nos chromosomes peuvent aussi être affectés dans leur structure même.

Ce genre de phénomène peut expliquer certains des changements qui surviennent en nous et que nous avons tendance à attribuer à une mauvaise alimentation, à un affaiblissement du système immunitaire ou même tout simplement au vieillissement. Le protocole n° 8 a été conçu pour nous permettre de réparer nos gènes et nos chromosomes s'ils en ont besoin. Si vous pensez que votre ADN a été altéré, de quelque manière que ce soit, n'hésitez pas à utiliser ce protocole. Il n'y a plus aucune raison de continuer à vivre avec un ADN altéré.

PROTOCOLE DE REPROGRAMMATION N° 8

Réparation d'un gène dans un chromosome

Première étape du protocole

Sert à identifier l'objet du protocole ainsi que les données à inclure dans la reprogrammation.

1re étape – PRÉPARATION

Avant de commencer à tester, émettre l'intention à voix haute : ***Je choisis d'être au point zéro même si je ne sais pas comment.*** Utiliser la kinésiologie (ou autre outil de test) pour trouver les réponses. Les données ainsi obtenues seront automatiquement prises en compte par l'intelligence innée du corps et la conscience du code génétique, en fonction de l'intention.

Un vecteur laissé par une infection peut avoir inscrit de nouvelles commandes dans l'ADN. Il faut donc les annuler.

Émettre la commande à voix haute.

1. **VÉRIFIER si une infection a laissé un vecteur altérant ou modifiant le code génétique.**
   Si NON, passer immédiatement au numéro 2.
   Si OUI,
   A. **VÉRIFIER dans quel chromosome** (1 à 46...) **et quel gène** (1 à 5 000+) **et combien de codons** (1 à 30 000+) **sont impliqués.**
   B. **VÉRIFIER s'il faut mettre ce vecteur au point zéro ou le dissoudre.**
   C. **DIRE :** ***Je commande que les nouvelles directives installées par ce vecteur soient mises au point zéro et/ou dissoutes et que le code génétique retrouve son intégrité originelle antérieure.***

Il peut y avoir plus de 5 000 gènes dans un chromosome. S'il n'y a aucun gène à réparer, c'est que la réparation concerne la structure du chromosome.

2. **VÉRIFIER s'il y a une altération ou modification du code génétique, ou perte de matériel génétique.**
   Si NON, passer immédiatement au numéro 3.
   Si OUI,
   A. **VÉRIFIER quel chromosome** (1 à 46...) **et quel(s) gène(s)** (1 à 5 000+) **doivent être réparés.**
   B. **DIRE :** ***Je commande la réparation du chromosome n°____ et du (des) gène(s) n°(s) ____, ____, ...***

Cette donnée sera automatiquement incluse dans la reprogrammation.

3. **VÉRIFIER si un acide nucléique de l'ADN ou de l'ARN est en cause :**
   ADN : • Adénine • Thymine • Cytosine • Guanine
   ARN : • Adénine • Uracile • Cytosine • Guanine

Il s'agit des « montants » de l'échelle, faits de sucre et de phosphate simples. Vérifiez chaque mot.

4. **VÉRIFIER le pourcentage d'intégrité des composantes de la spirale de l'ADN :**
   A. **Désoxyribose (sucre)**
   B. **PO_4 (phosphate)**

Pour savoir comment tester un nombre, consultez l'Annexe II.

5. **VÉRIFIER le pourcentage d'intégrité de la structure de la spirale de l'ADN.**

L'histone est une protéine qui interviendrait dans la transmission du message génétique.

6. **VÉRIFIER le pourcentage d'intégrité de l'histone.**

7. **VÉRIFIER à quel pourcentage se fait la transmission du message génétique.**

Consultez l'Annexe I pour la définition du télomère ou de la télomérase.

8. **VÉRIFIER le pourcentage d'intégrité du télomère et de la télomérase en testant chaque mot de la phrase suivante :** ***Lors de la division cellulaire, le télomère peut se perdre ou être endommagé, ce qui peut causer des anomalies dans la multiplication de cellules ou interrompre complètement la division cellulaire. La télomérase est une enzyme qui forme la « colle » du télomère.***

Le chromosome a pu être affecté dans sa nature propre. Il faut donc VÉRIFIER l'état de ses différentes parties.

Le nucléole est un corps sphérique très riche en ARN, situé à l'intérieur du noyau de la cellule.

L'appareil de Golgi est un organite cellulaire universellement présent autour du noyau.

La mitochondrie est la « centrale énergétique » de la cellule.

9. **VÉRIFIER la condition du chromosome :**
   A. **blessure;**
   B. **mutation;**
   C. **atteinte :**
      i. **aux cellules;**
      ii. **au noyau;**
      iii. **au nucléole;**
      iv. **à l'appareil de Golgi;**
      v. **à la mitochondrie.**
   D. **altération de la structure;**
   E. **perte de matériel génétique;**
   F. **matériel génétique étranger;**
   G. **miasme;**
   H. **autre condition** (Annexe III).

La translocation est un transfert ou échange entre deux chromosomes, une partie de l'un occupant une position différente chez l'autre. L'enjambement ressemble beaucoup à la translocation, mais il survient lorsqu'un chromosome en « enjambe » (croise) un autre pendant la division cellulaire et que ce mouvement provoque le transfert d'une partie du chromosome.

Un codon est un triplet de paires d'acides nucléiques. Ex. : CG TA GC.

10. A. VÉRIFIER s'il y a translocation ou enjambement :

a) d'un chromosome à un autre lors de la division cellulaire d'une paire.
Si OUI, VÉRIFIER quelle(s) paire(s) est (sont) concernée(s) : AT, TA, CG, GC

b) d'un codon à un autre.
Si OUI,

i. VÉRIFIER combien de codons sont impliqués.

ii. VÉRIFIER quelle(s) paire(s) est (sont) concernée(s) sur quel(s) triplet(s) (1 à 30,0000+) **: AT, TA, CG, GC**

c) d'un acide nucléique.
Si OUI, VÉRIFIER quels acides nucléiques sont impliqués : A, T, C, G.

B. VÉRIFIER si on a besoin d'un pont pour que les acides nucléiques reviennent à leur emplacement originel.

C. VÉRIFIER si on a besoin de réintégrer l'ordre originel dans la reproduction cellulaire.

Il se peut qu'avant de pouvoir installer le programme, d'autres données doivent y être inscrites.

11. VÉRIFIER s'il est nécessaire d'intégrer d'autres données dans ce programme avant son installation.
Si OUI,

A. TESTER combien de données doivent être intégrées;

B. ALLER à l'Annexe III et SUIVRE les instructions pour tester quelles données doivent être intégrées;

C. REVENIR au protocole et PASSER à l'étape suivante.

Deuxième étape du protocole

2e étape – INSTALLATION DE LA RÉPARATION

L'installation de la reprogrammation tient compte de toutes les données trouvées à la première étape.

1. **DIRE :** ***Je commande que cette réparation s'effectue dans le noyau de la cellule maîtresse de l'épiphyse dans toutes les vies et toutes les dimensions.***

À mesure que l'on dit la commande à voix haute, chaque élément énuméré est intégré dans la reprogrammation. Utilisez le ton de la prière ou de l'hypnose.

2. **DIRE :** ***Je commande que, de l'épiphyse, elle se rende :***
   A. ***aux glandes endocrines;***
   B. ***au cerveau, au coeur, à la rate, au système nerveux et aux peptides;***
   C. ***aux cellules, au liquide intra et extracellulaire, au vide interstitiel, aux atomes et aux éléments quantiques (quarks, muons et cordelettes, etc.);***
   D. ***à toutes les hélices, à tous les chakras, à tous les corps énergétiques et à l'âme;***
   E. ***autre endroit*** (Annexe III).

Si vous devez savoir lequel, allez à la section 16 de l'Annexe III et trouvez l'endroit.

3. **DIRE :** ***Je commande à l'ARN de se reconnecter et de soutenir ce nouveau programme.***

Le plan originel de l'ADN est le schéma antérieur à toute mutation génétique.

4. **DIRE :** ***Je commande aux codons de se remettre dans l'ordre du programme originel parfait même s'il y a eu des inversions de code.***

5. **DIRE :** ***Je commande à la vitesse des photons et à la structure de la spirale de l'ADN de s'ajuster.***

6. **DIRE :** ***Je commande le renouvellement des liens dans le corps calleux, selon le plan originel.***

Pour une définition du télomère et de la télomérase, consultez l'Annexe I.

7. **DIRE :** ***Je commande l'intégrité parfaite du télomère et de la télomérase.***

La liste des systèmes se trouve à l'Annexe VII.

8. **DIRE :** ***Je commande que les déchets des vieux programmes soient mis au point zéro et/ou éliminés à travers les systèmes appropriés.***

9. **DIRE :** ***Je commande que ce nouveau programme soit parfaitement scellé.***

Pour la définition du Merkabah, consultez l'Annexe I.

10. **DIRE :** ***Je commande que le Merkabah soit parfaitement scellé.***

11. **DIRE :** ***Je commande qu'aucune radiation n'affecte l'ADN ou l'ARN.***

12. **DIRE :** ***Je commande que cette réparation s'installe complètement, et jusqu'à nouvel ordre, dans le bulbe rachidien, ici et maintenant.***

13. **DIRE :** ***Je commande que cette réparation soit parfaitement tolérée, parfaitement intégrée et au point zéro.***

POINT ESSENTIEL de la reprogrammation

14. **DIRE :** ***Je commande que la puissance, l'harmonie et la justesse de cette réparation s'installent dans l'ADN et que ce nouveau programme s'active complètement.***

Troisième étape du protocole

3e étape – CONCLUSION DU PROTOCOLE

Il se peut que le programme, pour être codé convenablement, exige l'installation d'autres données.

15. **VÉRIFIER s'il est nécessaire d'intégrer d'autres données à la reprogrammation pour qu'elle soit effective, tolérée et intégrée.**
    Si OUI,
    A. TESTER combien de données doivent être intégrées;
    B. ALLER à l'Annexe III et SUIVRE les instructions pour tester quelles données doivent être intégrées;
    C. REVENIR au protocole et PASSER au numéro 16.

Ceci clôt le protocole.

16. **DIRE :** ***Je commande que cette reprogrammation soit tolérée et intégrée, selon le plan originel, dans la fréquence de l'amour, même si les hélices ont été désactivées dans le passé.***

Ceci scelle la reprogrammation.

17. **DIRE :** ***Je commande que cette régénération soit complète et scellée jusqu'à nouvel ordre de la part de... (nom de la personne traitée).***

PROTOCOLE N° 9

Les décodeurs

À la suite d'une méditation lors de la pleine lune de février 2000, j'ai pris conscience du fait qu'il existait sur cette planète des êtres dont le cheminement était parallèle au mien mais qui, eux, étaient capables de saisir et de transmettre des concepts qui m'échappaient. Je lisais leurs livres et je n'arrivais pas à comprendre pourquoi, avec toutes mes années de recherche, je n'avais pas saisi moi-même ces concepts que je lisais sous leur plume. La réponse m'est venue en méditant au clair de lune : ces êtres avaient dans leur ADN des décodeurs d'information plus activés que les miens. À l'aide de la kinésiologie, j'ai pu déterminer que chez les personnes les plus évoluées, la capacité de décoder les informations nouvelles disponibles à l'échelle planétaire s'élevait à l'époque à 32 %. J'ai donc établi un protocole pour augmenter dans mon propre ADN le pourcentage de décodage au niveau le plus élevé possible tout en restant toléré par mon système nerveux. Un test kinésiologique m'a appris que je pouvais reprogrammer mes décodeurs pour qu'ils fonctionnent aussi à 32 %, sans effet néfaste. C'est ce que j'ai fait tout en élaborant le protocole n° 9 et, depuis, la facilité avec laquelle j'ai accès à l'information nouvelle est étonnante et j'ai pu, dans les mois qui ont suivi, augmenter à nouveau ce pourcentage.

Mes étudiants en reprogrammation de l'ADN ont également obtenu des résultats impressionnants. Ils ont remarqué que, depuis qu'ils ont utilisé ce protocole pour augmenter le pourcentage de fonctionnement de leurs décodeurs, ils pouvaient comprendre de nouveaux concepts parfois très ardus beaucoup plus rapidement. Lorsqu'ils étaient bombardés de nouvelles notions – par exemple au cours d'un apprentissage –, leur centre d'attention enregistrait un plus grand nombre de données à la fois. Plusieurs ont également constaté qu'ils étaient enfin capables d'apprendre une deuxième langue. L'un d'eux, Yves P. , a remarqué qu'il pouvait tirer parti de cet outil en orientant son attention plus facilement vers l'intuition :

À l'époque, j'avais entrepris la lecture du premier livre de Gregg Braden Éveil au point zéro. *Alors que les sujets touchant au magnétisme de la planète et à sa fréquence m'intéressaient beaucoup et que ma formation professionnelle me permettait d'être familier avec le langage employé par l'auteur, j'arrivais difficilement à intégrer l'information et à conserver mon attention sur le livre. Après avoir augmenté le pourcentage de fonctionnement des décodeurs, j'ai repris la lecture du livre avec beaucoup d'enthousiasme et une compréhension totalement nouvelle. En échangeant avec des amis sur le contenu du livre, je me suis aperçu que j'en avais retiré une somme importante d'informations; et mes amis, quoique plus ferrés que moi sur le sujet, devaient admettre qu'ils n'avaient pas remarqué toute cette information.*

Pour sa part, Chantal C. écrit avec enthousiasme :

Grâce aux décodeurs, mon intuition est très présente et j'ai attiré à moi de nouveaux clients sans avoir à faire de publicité !

Je vous invite donc à déterminer d'abord à quel pourcentage d'activation vous pouvez amener vos décodeurs pour que ce soit complètement toléré par votre système nerveux. Si vous obtenez « seulement » 20 %, n'essayez pas de dépasser cette limite pour le moment. Il ne sert à rien de déboussoler votre système nerveux dans une tentative d'aller trop vite. Utilisez ce 20 % comme intention de base et effectuez le protocole n° 9. Vous pourrez toujours, par la suite, revenir à ce protocole et augmenter graduellement l'activité de vos décodeurs.

PROTOCOLE DE REPROGRAMMATION N° 9

Augmentation du pourcentage de fonctionnement des décodeurs d'informations

Première étape du protocole

Sert à identifier l'objet du protocole ainsi que les données à inclure dans la reprogrammation.

1re étape – PRÉPARATION

Avant de commencer à tester, émettre l'intention à voix haute : ***Je choisis d'être au point zéro même si je ne sais pas comment.*** Utiliser la kinésiologie (ou autre outil de test) pour trouver les réponses. Les données ainsi obtenues seront automatiquement prises en compte par l'intelligence innée du corps et la conscience du code génétique, en fonction de l'intention.

Le pourcentage de fonctionnement est propre à chaque personne.
Pour savoir comment tester un nombre, consultez l'Annexe II.

1. **VÉRIFIER le pourcentage de fonctionnement actuel des décodeurs**
   - **A. en général, OU**
   - **B. à propos d'une situation particulière à inscrire dans cette session.**
     Si OUI, VÉRIFIER de quelle situation spécifique il s'agit.

Ceci indique à l'intelligence innée que l'intention de la reprogrammation est d'amener les décodeurs à ce pourcentage de fonctionnement.

2. **VÉRIFIER le pourcentage de fonctionnement qui peut être atteint tout en restant toléré par le système nerveux.**

Toutes sortes de raisons peuvent expliquer qu'on obtienne un NON ici. On n'a pas à chercher pourquoi. Il faut simplement respecter ce fait.

3. **VÉRIFIER s'il est approprié pour l'évolution de la personne traitée d'installer le nouveau programme pour augmenter l'activation des décodeurs, ce qui instaurera pour cette personne une nouvelle façon de penser et lui permettra de syntoniser les nouvelles fréquences et capter les nouvelles informations arrivant sur la planète.**
   Si NON,
   - **A. NE PAS effectuer cette reprogrammation.**
   - **B. VÉRIFIER combien de temps** (jours, semaines, mois) **on doit laisser passer avant de tester à nouveau si l'on peut effectuer cette reprogrammation.**

Il se peut que le programme soit installé dans l'ADN superflu et n'ait pas d'adresse spécifique.

SI OUI,

VÉRIFIER s'il est nécessaire d'obtenir une adresse spécifique.

Si NON, PASSER au numéro suivant.

Si OUI,

A. VÉRIFIER dans quel chromosome (1 à 46...)**, quel gène** (1 à 5 000+) **on doit installer le nouveau programme et**

B. VÉRIFIER combien de codons (1 à 30 000+) **comporte ce programme.**

Émettre la commande à voix haute.

4. **DIRE :** ***Je commande que ce nouveau programme soit également installé dans la conscience intelligente des acides nucléiques.***

Le plan originel de l'ADN est le schéma antérieur à toute mutation génétique. Si cette information y est toujours latente, elle sera automatiquement incluse dans la reprogrammation.

5. **VÉRIFIER si ce programme existait déjà dans le plan originel de l'ADN.**

   Si OUI,

   A. VÉRIFIER si on peut le reproduire ici.

   B. VÉRIFIER si l'on doit installer un pont.

Il s'agit d'un thème ou d'un autre programme qui pourrait neutraliser celui que nous sommes en train d'installer.

6. **VÉRIFIER s'il y a un programme et/ou un thème nuisible en résonance (écho) et/ou en dualité (polarité) qui pourrait interférer avec le nouveau programme.**

   TESTER chaque mot de la phrase précédente.

Les mémoires des anciens programmes pourraient interférer avec le nouveau programme.

7. **VÉRIFIER si des mémoires liées à un ou plusieurs ancien(s) programme(s) pourraient empêcher l'intégration dans l'ADN de ce nouveau programme.**

   Si OUI, combien y a-t-il de mémoires ?

8. **VÉRIFIER si le programme est bien inséré au niveau du système nerveux et des peptides.**

9. VÉRIFIER
   A. si l'âme peut comprendre cette reprogrammation;
   B. si le programme est toléré au niveau spirituel.

10. VÉRIFIER si la personne traitée
   A. sait qu'elle a ses décodeurs;
   B. sait que l'information est disponible;
   C. comprend l'information qu'elle reçoit grâce à ses décodeurs.

11. VÉRIFIER si le taux vibratoire doit changer.

12. VÉRIFIER s'il y a des antigènes compromettant l'activation des décodeurs.

13. VÉRIFIER s'il y a des miasmes et/ou des interférences transgénérationnelles à mettre au point zéro et/ou à dissoudre.

14. VÉRIFIER si l'augmentation du pourcentage de fonctionnement des décodeurs cause de l'auto-immunité.

15. VÉRIFIER si la fréquence des nouveaux décodeurs est installée à 100 %.

16. VÉRIFIER si les décodeurs sont installés sur toutes les hélices.

17. VÉRIFIER si les décodeurs installés sont parfaitement dans l'état d'amour.

18. VÉRIFIER si les décodeurs sont parfaitement scellés.

Émettre les commandes à voix haute.

19. DIRE : *Je commande que de nouveaux réseaux neurologiques s'installent pour que la personne puisse utiliser ses décodeurs à leur pleine capacité et intégrer parfaitement les nouvelles solutions créatives dans son quotidien.*

Cette donnée sera automatiquement incluse dans la reprogrammation.

20. VÉRIFIER si la capacité de faire de nouveaux liens avec la nouvelle information perçue est à 100 %.

21. VÉRIFIER si la vitesse à laquelle la personne peut trouver des solutions nouvelles et créatives aux problèmes grâce à ses nouveaux décodeurs est à son maximum.

Il se peut qu'avant de pouvoir installer le programme, d'autres données doivent y être inscrites.

22. VÉRIFIER s'il est nécessaire d'intégrer d'autres données dans ce programme avant son installation.
Si OUI,
A. TESTER combien de données doivent être intégrées;
B. ALLER à l'Annexe III et SUIVRE les instructions pour tester quelles données doivent être intégrées;
C. REVENIR au protocole et PASSER à l'étape suivante.

Deuxième étape du protocole

2e étape – INSTALLATION DE LA REPROGRAMMATION

L'installation de la reprogrammation tient compte de toutes les données trouvées à la première étape.

1. **DIRE :** ***Je commande que ce nouveau programme s'installe dans le noyau de la cellule maîtresse de l'épiphyse dans toutes les vies et toutes les dimensions.***

À mesure que l'on dit la commande à voix haute, chaque élément énuméré est intégré dans la reprogrammation. Utilisez le ton de la prière ou de l'hypnose.

Si vous devez savoir lequel, allez à la section 16 de l'Annexe III et trouvez l'endroit.

2. **DIRE :** ***Je commande que, de l'épiphyse, il se rende :***
   A. ***aux glandes endocrines;***
   B. ***au cerveau, au coeur, à la rate, au système nerveux et aux peptides;***
   C. ***aux cellules, au liquide intra et extracellulaire, au vide interstitiel, aux atomes et aux éléments quantiques (quarks, muons et cordelettes, etc.);***
   D. ***à toutes les hélices, à tous les chakras, à tous les corps énergétiques et à l'âme;***
   E. ***autre endroit*** (Annexe III).

3. **DIRE :** ***Je commande à l'ARN de se reconnecter et de soutenir ce nouveau programme.***

Le plan originel de l'ADN est le schéma antérieur à toute mutation génétique.

4. **DIRE :** ***Je commande aux codons de se remettre dans l'ordre du programme originel parfait même s'il y a eu des inversions de code.***

5. **DIRE :** ***Je commande à la vitesse des photons et à la structure de la spirale de l'ADN de s'ajuster.***

6. **DIRE :** ***Je commande le renouvellement des liens dans le corps calleux, selon le plan originel.***

Pour une définition du télomère et de la télomérase, consultez l'Annexe I.

7. **DIRE :** ***Je commande l'intégrité parfaite du télomère et de la télomérase.***

La liste des systèmes se trouve à l'Annexe VII.

8. **DIRE :** ***Je commande que les déchets des vieux programmes soient mis au point zéro et/ou éliminés à travers les systèmes appropriés.***

9. **DIRE :** ***Je commande que ce nouveau programme soit parfaitement scellé.***

Pour la définition du Merkabah, consultez l'Annexe I.

10. **DIRE :** ***Je commande que le Merkabah soit parfaitement scellé.***

11. **DIRE :** ***Je commande qu'aucune radiation n'affecte l'ADN ou l'ARN.***

12. **DIRE :** ***Je commande que ce nouveau programme s'installe complètement, et jusqu'à nouvel ordre, dans le bulbe rachidien, ici et maintenant.***

13. **DIRE :** ***Je commande que cette reprogrammation soit parfaitement tolérée, parfaitement intégrée et au point zéro.***

POINT ESSENTIEL de la reprogrammation

14. **DIRE :** ***Je commande que la puissance, l'harmonie et la justesse de cette reprogrammation s'installent dans l'ADN et que ce nouveau programme s'active complètement.***

Troisième étape du protocole

3e étape – CONCLUSION DU PROTOCOLE

Il se peut que le programme, pour être codé convenablement, exige l'installation d'autres données.

15. VÉRIFIER s'il est nécessaire d'intégrer d'autres données à la reprogrammation pour qu'elle soit effective, tolérée et intégrée.
Si OUI,
A. TESTER combien de données doivent être intégrées;
B. ALLER à l'Annexe III et SUIVRE les instructions pour tester quelles données doivent être intégrées;
C. REVENIR au protocole et PASSER au numéro 16.

Ceci clôt le protocole.

16. DIRE : *Je commande que cette reprogrammation soit tolérée et intégrée, selon le plan originel, dans la fréquence de l'amour, même si les hélices ont été désactivées dans le passé.*

Ceci scelle la reprogrammation.

17. DIRE : *Je commande que cette régénération soit complète et scellée jusqu'à nouvel ordre de la part de... (nom de la personne traitée).*

Je tiens à clore ce chapitre en insistant sur le fait **qu'il ne sert à rien de pousser au-delà de ce qui est toléré**, car l'avidité et l'impatience en reprogrammation de l'ADN peuvent facilement mener à des maladies ou à une dépression qui sont vraiment difficiles à endurer. En reprogrammant l'ADN, il ne s'agit pas de créer un chaos, mais bien de suivre un plan parfait.

C'est pourquoi j'insiste tant pour vous inciter à bien suivre les protocoles. Même si vous utilisez un outil de nature intuitive (yin) pour effectuer ces reprogrammations, permettez-vous de suivre l'ordre rationnel et précis (yang) établi dans les protocoles.

J'ai élaboré puis testé ces protocoles avec une équipe d'experts composée de thérapeutes chevronnés afin de les raffiner de sorte qu'ils permettent une reprogrammations sécuritaire. Nos expérimentations, ainsi que celles de mes étudiants, ont prouvé maintes fois que les reprogrammations provoquent des effets physiques et émotionnels à différents degrés, autant dans l'aisance que dans l'inconfort. Par conséquent, **ne surchargez pas vos systèmes et votre organisme par des reprogrammations trop rapprochées dans le temps**. Suivre les instructions ne peut que vous aider à rétablir votre souveraineté sur votre ADN de façon harmonieuse. Avant d'effectuer une reprogrammation, assurez-vous d'abord que celles que vous avez effectuées auparavant sont intégrées. Comment le savoir en cas de doute ? Utilisez la kinésiologie ou votre propre outil de test pour déterminer si vous êtes prêt à passer à une nouvelle reprogrammation.

Chapitre 4

AU-DELÀ DE LA DUALITÉ DES DEUX HÉLICES

L'agenda planétaire actuel est de retrouver notre souveraineté et d'en finir avec la polarisation de la dualité. La polarisation de la dualité veut dire que si je crée à partir de la lumière seulement, j'ai forcément généré ailleurs une force négative créatrice. Dans notre évolution, nous en sommes parvenus à l'étape où nous devons intégrer ces deux polarités. Pour y arriver, il faut cesser d'avoir un parti pris pour l'une ou l'autre des polarités et aller au-delà de la polarité positive (la lumière) et de la polarité négative (la noirceur).

Or nous sommes constamment tiraillés entre la lumière et la noirceur, le bien et le mal, le positif et le négatif. Voilà tout le dilemme de l'incarnation humaine. Les Chinois ont d'ailleurs un proverbe : « Ce qui monte doit descendre ! » Et l'histoire en est cousue d'exemples. Nous passons constamment d'une polarité à l'autre.

La seule façon de cesser cette oscillation incessante passe par la fréquence de l'amour au point zéro. Mais notre société n'est pas basée sur l'amour et il est difficile de trouver une période dans l'histoire de l'humanité qui ait baigné dans l'amour. On y observe de grandes périodes de conquêtes et d'aisance, mais les conflits et les guerres de toutes sortes semblent y occuper bien plus de place que les odes à l'amour ! On dirait – c'est du moins mon sentiment – que le programme de l'amour fait partie de ceux qui ont été désamorcés dans notre ADN. Cette fréquence de l'amour ou, pour dire mieux, cet état d'amour n'a rien à voir avec les chocolats de la Saint-Valentin (quoique j'aime bien en recevoir), ni avec l'amour que je peux éprouver pour ma sœur, par exemple. **L'état d'amour est un espace situé au-delà des polarités positive et négative**. Dans cet espace, le bien et le mal, la lumière et la noirceur, le bon et le mauvais et toutes autres manifestations de la dualité coexistent au point d'équilibre appelé le point zéro. Le point zéro n'est pas un état neutre. Le point zéro n'est pas statique. Il est multidimensionnel, en mouvement continu et il se maintient au centre d'un changement perpétuel. Si le point zéro est constamment en mouvement, c'est que la force positive de la lumière et la force négative de la noirceur y cohabitent sans s'annuler, même si elles sont de polarités opposées.

Selon moi, la meilleure façon de s'imaginer visuellement le point zéro est d'utiliser l'image d'un ballon d'anniversaire rempli d'eau, flottant au milieu de l'océan, ballotté et bousculé en tous sens en raison des aléas climatiques et du mouvement des vagues. Le point zéro se situe au milieu de ce ballon. Un point constamment en équilibre, au centre du ballon, malgré la turbulence extérieure.

Il est aussi possible d'imaginer le point zéro comme un point fictif au milieu d'une ligne droite ayant de chaque côté une polarité négative et une polarité positive, mais je préfère utiliser l'image d'une sphère. Au point zéro, la force *positive* s'avère optimale en raison de son potentiel mis en action par la présence de la force *négative* correspondante, les deux étant maintenues ensemble dans un équilibre parfait. Nous allons donc imaginer que deux forces opposées peuvent coexister dans le même espace sans qu'elles aient à s'unifier, comme le pôle Sud et le pôle Nord d'un même aimant.

La dualité polarisée et le point zéro

Quand nous ne sommes pas dans l'état d'amour au point zéro, nous sommes polarisés (à gauche ou à droite, dans le bien ou le mal, dans la lumière ou la noirceur, etc.) Que se passe-t-il lorsque nous accomplissons une tâche, un projet ou une activité et que nous sommes polarisés ? Nous créons en même temps son opposé. Ce que nous réalisons tout en étant polarisé pourra bien sûr aboutir et sembler parvenir au résultat souhaité. Mais, en y regardant de plus près, nous verrons que sa réalisation aura exigé plus de temps, plus d'énergie et plus de stress que de raison. Il est possible aussi que le résultat final, quoique convenable, soit inapproprié à notre contexte personnel. Mais surtout, cette réalisation, parce qu'elle est polarisée et donc soumise à la loi d'action/réaction, créera automatiquement, au niveau énergétique, sa propre contrepartie, c'est-à-dire une manifestation opposée. Ce sont là trois exemples du prix à payer lorsque nous créons en l'absence de l'état d'amour et en dehors du point zéro.

Une de mes connaissances s'est exclamée un jour « Chaque fois que j'appelle la lumière, que je vis quelque chose d'extraordinaire, après ça va plus mal ! » C'était aussi mon expérience. Chaque fois que je faisais un voyage vraiment extraordinaire, j'avais un mal fou avec le retour. Chaque fois que je vivais une expérience spirituelle hors du commun, je savais que j'aurais à l'intégrer (par l'intermédiaire « d'épreuves ») ou à me détoxiquer ou quelque chose du genre. Comme s'il fallait toujours que le « pot suive les fleurs ». Un autre exemple de ce phénomène nous est offert par l'effet « ascenseur » qui se produit fréquemment avec les régimes amaigrissants. Il y a une période bon enfant où la personne se prive pour être plus mince et mieux dans sa peau ou pour avoir une conscience claire. Quelques mois plus tard, elle ne peut s'empêcher de reprendre du poids. Une de mes stagiaires me confiait que dans sa vie, elle avait perdu 200 livres et en avait repris 300.

Le point zéro sous-entend une compréhension des limites humaines et leur accueil avec amour. Quand on unit la lumière et la noirceur, on peut obtenir non seulement quelque chose de grand, d'extraordinaire et de puissant, mais aussi de confortable et de toléré à la fois, car cette union est appropriée et génère de l'amour. Des stagiaires qui ont travaillé avec le point zéro parlent fréquemment d'un état d'aisance et de bien-être qui demande moins d'effort.

Plus nous faisons le choix d'être au point zéro, plus nous avons des expériences et des états émotifs nouveaux. Il y a dans cette nouvelle forme de pensée une grande liberté et aussi un sentiment d'amour. La palette des couleurs des expériences au point zéro est tellement plus variée que le noir, le blanc et le gris auxquels nous avions accès jusqu'ici ! On parvient tout à coup à de nouvelles réalisations et des données nouvelles font surface.

J'ai réalisé qu'être au point zéro m'ouvrait constamment de nouveaux horizons. Je me sens plus libre maintenant que je ne suis plus aussi polarisée. On dirait que mes réponses et mes états intérieurs commencent à être de plus en plus variés. J'ai même quelquefois eu des *flash-back* heureux, comme ça, sans raison. Ça fait du bien d'avoir des expériences différentes !

Il faut bien comprendre que se placer au point zéro ne veut pas dire « laisser tomber ». **Nous ne laissons rien aller au point zéro**. Nous essayons au contraire de maintenir deux polarités différentes dans le même espace. Prenons le cas d'une femme qui disait : « Il n'y a pas de place pour moi dans le projet où je suis. Je vais devoir partir. » Lorsqu'on envisage cette situation sous l'angle du point zéro, on se rend compte que « partir parce qu'on croit qu'il n'y pas d'espace pour soi » est une position polarisée. Il est alors préférable d'utiliser une intention comme : « *Je choisis* de pouvoir être entièrement telle que je suis dans ce projet *même si* je me sens étouffée par les gens qui y participent. » Avec cette approche, on ne laisse pas tomber le besoin d'être soi-même et on ne laisse pas aller le travail non plus.

Une autre erreur courante au sujet de l'état d'amour au point zéro consiste à croire que cet état signifie ne pas avoir de frontières et être au service de tout le monde. Une personne m'expliquait à quel point il était important pour elle de se dévouer pour une cause et de rendre service à l'humanité. Cependant, elle était frustrée de se sentir fréquemment abusée par ceux qu'elle tentait d'aider. Je lui ai répondu que c'était la conséquence d'oeuvrer en dehors du point zéro. Ce qui importe, c'est d'être au point zéro dans chacune de nos décisions. Si être au point zéro une certaine journée signifie se consacrer à autrui, c'est très bien. Le lendemain, le point zéro pourrait toutefois être tout autre, puisqu'il est mouvant. Notre cible quotidienne du temps présent est de vivre au point zéro et non pas d'aider quelqu'un ou de ne pas l'aider.

C'est très plaisant d'être dans l'action au point zéro, car il n'y a pas de limites et l'on y retrouve plus d'aisance que dans un état polarisé. Mais comment atteindre ou se rapprocher du point zéro ? **En travaillant avec l'intention.** Vous pouvez, par exemple, émettre en vous levant chaque matin l'intention « *Je choisis* aujourd'hui d'être au point zéro *même si* je ne sais pas comment ». Vous pouvez aussi vous exercer à mettre tous les incidents de votre quotidien au point zéro. Le garagiste vous énerve ? Vous pouvez changer de fréquence en disant intérieurement : « *Je choisis* d'être dans une autre fréquence *même si* le garagiste me fait sentir inadéquat. » Vous faites la queue au magasin et vous commencez à vous énerver ? « *Je choisis* de mettre cette expérience au point zéro *même si* la lenteur de la caissière m'irrite. »

En utilisant ainsi les petits événements du quotidien, vous cumulerez des expériences au point zéro. Une fois que vous en aurez accumulé suffisamment, vous découvrirez une nouvelle façon de vivre et, au lieu d'être gouverné par vos vieux programmes, vous commencerez à vivre des expériences originales.

Vous aurez un sentiment de plénitude quand vous vous permettrez à la fois de sentir de l'irritation et du plaisir sans pour autant que ces deux expériences ne s'unissent. Vous leur permettrez tout simplement de coexister en même temps, dans le même espace, comme le font les deux pôles d'un aimant pour créer leur champ magnétique. **Le champ créé par ces deux forces opposées qui coexistent, c'est ça le point zéro**.

Quand on me rencontre en public, j'ai l'air de n'avoir aucun problème. Et pourtant ! Que dire de cette scène : un matin où il doit se rendre à l'école pour passer trois examens de fin de session, mon fils de 17 ans me reproche un incident survenu la veille. À ce moment-là, je perds complètement mon sang froid et me mets à rouspéter contre lui. Mon conjoint intervient dans le conflit et, comme si ça n'était pas suffisant, le petit de trois ans et demi renverse son verre de jus de fruit. Que c'est intense ! Finalement, nous arrêtons tout et nous discutons de ce qui nous préoccupe vraiment, pour nous rendre compte finalement que nous sommes en train de revivre des conflits familiaux ancestraux. *Nous choisissons* alors ensemble d'installer un nouveau paradigme à propos de cet incident *même si* nous ne savons pas comment. Ce nouveau paradigme consiste à positionner le conflit au point zéro.

Nous décidons donc, mon fils et moi, de mettre l'incident qui nous concerne dans l'état d'amour et au point zéro, et nous nous donnons une autre chance pour voir comment nous allons réagir au point zéro la prochaine fois que le conflit se présentera. Je le prends dans mes bras et lui dis que nous sommes des maîtres merveilleux l'un pour l'autre. Il me répond en souriant que nous ne faisons pas un si bon job en tant que maîtres, puis il part pour le collège le cœur content. Quelques mois plus tard, le conflit qui aurait pu causer une scission familiale s'est résorbé et nous sommes en paix à propos de cet incident. Il est vrai que nous avons eu quelques bonnes discussions avant d'y arriver, mais chaque fois nous avons dialogué et réitéré notre intention de mettre ce conflit au point zéro *même si* nous ne savions vraiment pas comment ! Cela nous a permis de régler le conflit sereinement et aisément, sans que ni l'un ni l'autre ait à faire de compromis. Il ne se passe pas un jour sans que je ne réaffirme cette intention d'être au point zéro.

Il nous faut aussi mettre au point zéro les résultats de nos efforts en ce sens. Dans l'exemple personnel qui précède, même si nous avions décidé de mettre le conflit au point zéro, il ne s'est pas résolu immédiatement. C'est ce que je veux dire par « mettre au point zéro et attendre ». Tant que la solution créative à un problème que nous avons décidé de placer au point zéro n'est pas apparue, nous devons maintenir les deux forces en présence l'une de l'autre, sans en laisser aller aucune. En d'autres mots, il nous faut établir et maintenir l'intention au point zéro même si le résultat se fait attendre.

Maintenir le point zéro, c'est vivre comme si nous avions déjà toutes nos hélices activées à 100 %. Et chaque fois que nous prenons le risque de vivre comme si nous avions toutes nos hélices, nous créons un environnement plus propice à l'amour.

PROTOCOLE N° 10

L'état d'amour au point zéro et l'ADN

Je ne crois pas qu'on puisse reprogrammer notre ADN et obtenir les résultats souhaités sans travailler dans l'état d'amour. Il est vrai que, dans certains laboratoires scientifiques, des clonages sont effectués avec peu d'éthique et sans souci des conséquences à long terme pour les prochaines générations. Je ne peux donc pas faire de généralisation et dire que sans amour, aucun accès à l'ADN n'est possible. Mais je suis convaincue que pour avoir accès à l'ADN superflu et le reprogrammer, nous devons accéder à cette nouvelle fréquence du point zéro. Pour pouvoir changer de fréquence et établir une nouvelle façon de vibrer, nous allons devoir installer une nouvelle façon de penser qui se situe dans l'état d'amour, au point zéro, entre la lumière et la noirceur. En d'autres mots, pour aller plus loin dans la reprogrammation de notre ADN superflu, nous devons passer par le point zéro en y incluant les deux polarités à la fois. Comme nos nouvelles programmations nous procurent un ADN rebranché, nettoyé des patterns par défaut, nous émettons plus de lumière (biophotons) et, si nous sommes polarisés, imbus de notre nouvelle lumière, nous devenons interpellants, voire dérangeants, pour les gens qui nous entourent. C'est une autre raison qui me fait croire que l'état d'amour est essentiel pour effectuer un travail de reprogrammation génétique sécuritaire pour soi et les autres.

Dans l'histoire de l'humanité, nous avons peu de référence au point zéro. Mais l'histoire est en train de changer. Même la spiritualité change et devient plus circulaire ou globale. La fréquence de l'amour est la nouvelle forme qui correspond au nouvel être humain en mutation avec ses 13 hélices rebranchées puis activées. Ce nouveau paradigme est peut-être notre dernier espoir pour changer notre histoire. Aussi, pour faciliter le choix de ce nouveau paradigme, j'ai décidé d'inventer un protocole qui aiderait à penser de façon originale. J'ai voulu trouver de nouvelles avenues pour résoudre les conflits qui se répètent d'une génération à l'autre, car je trouve éreintant de toujours se débattre avec les mêmes vieux programmes. J'ai donc élaboré le protocole n° 10, qui nous aidera à choisir l'état d'amour au point zéro et conséquemment une nouvelle façon de penser notre vie et ses épreuves.

PROTOCOLE DE REPROGRAMMATION N° 10

Installation du nouveau paradigme pour choisir d'être dans l'état d'amour au point zéro

Première étape du protocole

Sert à identifier l'objet du protocole ainsi que les données à inclure dans la reprogrammation.

1re étape – PRÉPARATION

Avant de commencer à tester, émettre l'intention à voix haute : ***Je choisis d'être au point zéro même si je ne sais pas comment.*** Utiliser la kinésiologie (ou autre outil de test) pour trouver les réponses. Les données ainsi obtenues seront automatiquement prises en compte par l'intelligence innée du corps et la conscience du code génétique, en fonction de l'intention.

Toutes sortes de raisons peuvent expliquer qu'on obtienne un NON ici. On n'a pas à chercher pourquoi. Il faut simplement respecter ce fait.

1. VÉRIFIER s'il est appropriée pour l'évolution de la personne traitée d'installer le programme permettant l'accès continu au nouveau paradigme pour choisir d'être dans l'état d'amour au point zéro quelle que soit la situation (conflit, difficulté, problème, etc.)

A. en général, OU

B. à propos d'une situation particulière à inscrire dans cette session.

Si OUI, VÉRIFIER de quelle situation spécifique il s'agit.

Si NON,

- **A. NE PAS effectuer cette reprogrammation.**
- **B. VÉRIFIER combien de temps** (jours, semaines, mois) **on doit laisser passer avant de vérifier à nouveau si l'on peut effectuer cette reprogrammation.**

Il se peut que le programme soit installé dans l'ADN superflu et n'ait pas d'adresse spécifique.

Si OUI,

VÉRIFIER s'il est nécessaire d'obtenir une adresse spécifique.

Si NON, PASSER au numéro 2.

Si OUI,

- **A. VÉRIFIER dans quel chromosome** (1 à 46...), **quel gène** (1 à 5 000+) **on doit installer le nouveau programme et**
- **B. VÉRIFIER combien de codons** (1 à 30 000+) **comporte ce programme.**

Le plan originel de l'ADN est le schéma antérieur à toute mutation génétique. Si cette information y est toujours latente, elle sera automatiquement incluse dans la reprogrammation.

2. **VÉRIFIER si ce programme existait déjà dans le plan originel de l'ADN.**
   Si OUI,
   A. **VÉRIFIER si on peut le reproduire ici.**
   B. **VÉRIFIER si l'on doit installer un pont.**

Il s'agit d'un thème ou d'un autre programme qui pourrait neutraliser celui que nous sommes en train d'installer.

3. **VÉRIFIER s'il y a un programme et/ou un thème nuisible en résonance (écho) et/ou en dualité (polarité) qui pourrait interférer avec le nouveau programme.**
   TESTER chaque mot de la phrase précédente.

Les mémoires des anciens programmes pourraient interférer avec le nouveau programme.

4. **VÉRIFIER si des mémoires liées à un ou plusieurs ancien(s) programme(s) pourraient empêcher de choisir d'être dans l'état d'amour au point zéro.**
   Si OUI, combien y a-t-il de mémoires ?

Cette donnée sera automatiquement incluse dans la reprogrammation.

5. A. **VÉRIFIER à quel pourcentage le nouveau paradigme s'ajuste à l'énergie humaine.**
   B. **VÉRIFIER si le système nerveux tolère et comprend l'énergie sous-jacente au nouveau paradigme, ou s'il est exacerbé par elle.**
   C. **VÉRIFIER si le nouveau paradigme peut être installé dans l'état d'amour.**

Il se peut que le programme soit installé dans l'ADN superflu et n'ait pas d'adresse spécifique. Ces codons constituent un programme général pour laisser aller les vieilles façons de penser.

6. **VÉRIFIER si le programme pour laisser aller les anciennes façons polarisées de penser doit être inscrit à une adresse spécifique.**
   Si NON, passer au numéro 7.
   Si OUI,
   A. **VÉRIFIER dans quel chromosome** (1 à 46...) **et quel gène** (1 à 5 000+) **il doit être inscrit.**
   B. **VÉRIFIER combien de codons** (1 à 30 000+) **comporte ce programme.**

7. VÉRIFIER si les nouveaux codons fonctionnent à 100 %.

Demandez à la personne de dire cette phrase à voix haute et testez pendant qu'elle parle. Consultez l'Annexe IV pour les émotions et l'Annexe V pour les croyances mentales.

8. VÉRIFIER si la personne traitée peut dire : *Cette fois-ci, je choisis de m'en sortir même si je n'y crois pas* (ou autre émotion ou croyance mentale).

9. VÉRIFIER si les cellules ont des sites récepteurs pour le nouveau paradigme du point zéro.
Si OUI,
VÉRIFIER s'ils sont actifs.
Si OUI, passer au numéro suivant
Si NON, DIRE : *Je commande que les sites récepteurs du nouveau paradigme du point zéro soient activés dans les cellules.*
SI NON,

Émettre les commandes à voix haute.

DIRE : *Je commande que soient installés et activés dans les cellules les sites récepteurs du nouveau paradigme du point zéro.*

Cette donnée sera automatiquement incluse dans la reprogrammation.

10. VÉRIFIER si la personne traitée est saturée du déséquilibre provenant de la dualité.

Nous avons déjà connu cette façon de penser paradisiaque et nous portons en nous la perte de cet état.

11. VÉRIFIER s'il faut mettre au point zéro et/ou dissoudre la mémoire émotionnelle de la perte du paradis pour pouvoir laisser aller le passé et accéder au nouveau paradigme.

Émettre les commandes à voix haute.

12. A. DIRE : *Je commande que soit installée une structure cristalline dans le lobe frontal gauche du cerveau pour y ancrer le nouveau paradigme de l'état d'amour.*

B. DIRE : *Je commande que les deux hémisphères du cerveau s'équilibrent par rapport à cette structure cristalline.*

Les données seront automatiquement incluses dans la reprogrammation.

13. VÉRIFIER si la personne peut fonctionner dans sa vie professionnelle et personnelle même si elle a changé de façon de penser.

14. VÉRIFIER si le nouveau paradigme est toléré au quotidien.

15. VÉRIFIER si le nouveau paradigme est bien ancré dans le corps physique et les corps énergétiques.

16. VÉRIFIER si l'on doit installer dans l'atome une nouvelle particule quantique pour ce nouveau paradigme.

Il se peut qu'avant de pouvoir installer la reprogrammation, d'autres données doivent y être inscrites.

17. VÉRIFIER s'il est nécessaire d'intégrer d'autres données dans ce programme avant son installation.
Si OUI,
A. TESTER combien de données doivent être intégrées;
B. ALLER à l'Annexe III et SUIVRE les instructions pour tester quelles données doivent être intégrées;
C. REVENIR au protocole et PASSER à l'étape suivante.

Deuxième étape du protocole

2e étape – INSTALLATION DE LA REPROGRAMMATION

L'installation de la reprogrammation tient compte de toutes les données trouvées à la première étape.

1. **DIRE :** ***Je commande que ce nouveau programme s'installe dans le noyau de la cellule maîtresse de l'épiphyse dans toutes les vies et toutes les dimensions.***

À mesure que l'on dit la commande à voix haute, chaque élément énuméré est intégré dans la reprogrammation. Utilisez le ton de la prière ou de l'hypnose.

2. **DIRE :** ***Je commande que, de l'épiphyse, il se rende :***
   A. ***aux glandes endocrines;***
   B. ***au cerveau, au coeur, à la rate, au système nerveux et aux peptides;***
   C. ***aux cellules, au liquide intra et extracellulaire, au vide interstitiel, aux atomes et aux éléments quantiques (quarks, muons et cordelettes, etc.);***
   D. ***à toutes les hélices, à tous les chakras, à tous les corps énergétiques et à l'âme;***
   E. ***autre endroit*** (Annexe III).

Si vous devez savoir lequel, allez à la section 16 de l'Annexe III et trouvez l'endroit.

3. **DIRE :** ***Je commande à l'ARN de se reconnecter et de soutenir ce nouveau programme.***

Le plan originel de l'ADN est le schéma antérieur à toute mutation génétique.

4. **DIRE :** ***Je commande aux codons de se remettre dans l'ordre du programme originel parfait même s'il y a eu des inversions de code.***

5. **DIRE :** ***Je commande à la vitesse des photons et à la structure de la spirale de l'ADN de s'ajuster.***

6. **DIRE :** ***Je commande le renouvellement des liens dans le corps calleux, selon le plan originel.***

Pour une définition du télomère et de la télomérase, consultez l'Annexe I.

7. **DIRE :** ***Je commande l'intégrité parfaite du télomère et de la télomérase.***

La liste des systèmes se trouve à l'Annexe VII.

8. **DIRE :** ***Je commande que les déchets des vieux programmes soient mis au point zéro et/ou éliminés à travers les systèmes appropriés.***

9. **DIRE :** ***Je commande que ce nouveau programme soit parfaitement scellé.***

Pour la définition du Merkabah, consultez l'Annexe I.

10. **DIRE :** ***Je commande que le Merkabah soit parfaitement scellé.***

11. **DIRE :** ***Je commande qu'aucune radiation n'affecte l'ADN ou l'ARN.***

12. **DIRE :** ***Je commande que ce nouveau programme s'installe complètement, et jusqu'à nouvel ordre, dans le bulbe rachidien, ici et maintenant.***

13. **DIRE :** ***Je commande que cette reprogrammation soit parfaitement tolérée, parfaitement intégrée et au point zéro.***

POINT ESSENTIEL de la reprogrammation

14. **DIRE :** ***Je commande que la puissance, l'harmonie et la justesse de cette reprogrammation s'installent dans l'ADN et que ce nouveau programme s'active complètement.***

Troisième étape du protocole

3e étape – CONCLUSION DU PROTOCOLE

Il se peut que le programme, pour être codé convenablement, exige l'installation d'autres données.

15. VÉRIFIER s'il est nécessaire d'intégrer d'autres données à la reprogrammation pour qu'elle soit effective, tolérée et intégrée.
Si OUI,
A. TESTER combien de données doivent être intégrées;
B. ALLER à l'Annexe III et SUIVRE les instructions pour tester quelles données doivent être intégrées;
C. REVENIR au protocole et PASSER au numéro 16.

Ceci clôt le protocole.

16. DIRE : *Je commande que cette reprogrammation soit tolérée et intégrée, selon le plan originel, dans la fréquence de l'amour, même si les hélices ont été désactivées dans le passé.*

Ceci scelle la reprogrammation.

17. DIRE : *Je commande que cette régénération soit complète et scellée jusqu'à nouvel ordre de la part de... (nom de la personne traitée).*

Selon Diane C., ce protocole lui a permis de récupérer de façon surprenante à la suite d'un accident grave :

Pour ma part, les traitements sur l'ADN reçus pendant trois mois ont donné des résultats remarquables. Ceux-ci furent aussi remarqués par le psychologue qui me traite pour un choc post-traumatique. Il a constaté qu'en l'espace de quatre visites des progrès peu ordinaires, vu l'importance du traumatisme, avaient été obtenus.

Pour nous aider à maintenir le nouveau paradigme du point zéro, nous n'avons qu'à nous remémorer les moments de noirceur, de dépression ou d'ennui qui ont suivi les grands moments d'extase. En choisissant de mettre et la noirceur et l'extase au point zéro, nous créons une nouvelle forme d'expérience, de souveraineté et de maturité qui nous sort de ces sempiternels allers et retours entre les deux polarités.

Je vous invite à devenir passionné de cette nouvelle façon de penser. J'ai vu tellement de conflits résolus grâce à ce nouveau paradigme ! Depuis que je m'efforce de tout situer au point zéro, je n'ai plus le sentiment que je ne suis ici que pour refaire le trajet emprunté par la génération qui me précède. Je m'ennuie de moins en moins sur Terre et je trouve l'expérience humaine de plus en plus satisfaisante.

PROTOCOLE N° 11

Intégrer les charges négatives et positives

Au chapitre II, j'ai expliqué que pour magnétiser nos intentions et leur donner de la force, elles devaient inclure à la fois la polarité négative et la polarité positive. La façon de procéder consiste à créer des intentions sur le modèle « Je choisis… (polarité positive) même si… (polarité négative) ». La raison pour laquelle cela fonctionne, c'est que lorsqu'il est question d'énergie, le positif prend toute sa force grace à l'existence parallèle du négatif.

Pour bien comprendre ce mécanisme, il suffit de penser à un aimant en forme de « U ». Le pouvoir magnétique de la branche de droite est directement proportionnel à celui de la branche de gauche. Plus le côté gauche est fort, plus le côté droit peut l'être. De fait, un aimant dont l'une des branches serait plus forte que l'autre ne peut tout simplement pas exister – c'est une impossibilité matérielle !

Ça fonctionne de la même façon dans notre vie. La force positive est optimale lorsqu'elle se trouve en équilibre au point zéro avec une force négative équivalente. Et de cet équilibre au point zéro naît le seul véritable pouvoir de création. Avec un aimant qui possède des polarités puissantes, on peut magnétiser de plus grandes charges. Par conséquent, quand nous décidons de créer à partir de l'état d'amour, il est souhaitable de le faire avec nos deux pôles magnétiques.

Dans notre cas, c'est l'intention qui sert d'aimant pour magnétiser une réalité qui nous sied mieux que celle dans laquelle nous sommes (nos programmes par défaut). Par exemple, dans l'intention : « *Je choisis* d'avoir du plaisir *même si* je suis triste », le plaisir devient notre polarité positive et la tristesse, la polarité négative. La condition essentielle est d'avoir deux polarités opposées et complémentaires tout à la fois. Lorsque cette condition est respectée, la présence simultanée des deux charges polarisées crée un champ magnétique puissant attirant à lui la réalité souhaitée. C'est ainsi que les événements répondent à la force magnétique de l'intention. C'est pourquoi l'intention ne fonctionne efficacement que si elle inclut les deux polarités.

Avant d'aller plus loin, permettez-moi d'ouvrir ici une parenthèse pour signaler que la polarité négative d'une intention ne signifie pas que cette partie de l'intention n'est pas « bien ». Le concept de « polarité négative » est utilisé par opposition à celui de « polarité positive ». Le négatif et le positif sont définis par convention, tout comme en physique ou en électronique on parle des pôles positif et négatif d'un courant ou d'une pile. En ce sens, au point zéro, dans l'intention « *Je choisis* d'être en santé *même si* je ne fais pas confiance en mon corps », la polarité négative « je ne fais pas confiance en mon corps » aurait tout aussi bien pu être qualifiée de polarité magnétique positive. Les termes « positif » et « négatif » sont issus d'une convention qui permet d'illustrer deux forces différentes qui s'opposent, comme le yin (traditionnellement négatif) et le yang (traditionnellement positif).

Considérons maintenant qu'être au point zéro, en dehors de la dualité, est une expérience magnétique où les pôles positif et négatif sont simultanément présents. Cela revient à dire que pour accéder facilement au point zéro et aller au-delà de la dualité, nous devons avoir à notre disposition des polarités positives et négatives facilement accessibles.

C'est ce à quoi s'exercent les adeptes des arts martiaux pendant de longues années. Et c'est parce qu'ils sont capables d'intégrer ces polarités que les maîtres en arts martiaux peuvent accomplir des prouesses extraordinaires comme défier la gravité ou guérir par l'imposition des mains.

Emmagasiner le négatif

Il a toujours semblé que les grands initiés, les sages, les gourous ou les maîtres illuminés, avaient un secret pour accéder à la conscience cosmique. On aurait dit qu'ils avaient découvert un pouvoir réservé à une élite spirituelle et que les gens normaux, comme vous et moi, en étions réduits à espérer qu'un jour, à force de discipline, d'effort et de je ne sais quoi d'autre, un miracle se produirait qui nous permettrait d'y avoir accès.

Puis, lors d'un voyage en Californie, en novembre 2000, j'ai lu un article sur un maître de Chi Qong ayant réussi à maîtriser la guérison par l'imposition des mains. Il avait décidé de partager tous ses secrets lors de ses enseignements. Il expliquait qu'auparavant, chaque fois qu'un disciple chinois atteignait le statut de maître, il enseignait seulement 90 % de son savoir à ses disciples et mourait en emportant avec lui le 10 % restant. Au bout de dix générations, un disciple devait refaire tout le processus évolutif à nouveau pour devenir un maître.

Il mentionnait aussi qu'à l'heure actuelle, il devait transmettre entièrement son savoir en Occident et en Orient, sans aucune restriction, parce que la race humaine est à un carrefour critique pour sa survie et l'ère des secrets est révolue. Selon lui, il n'existe actuellement sur Terre qu'une vingtaine de personnes capables de guérir en imposant les mains avec la même maîtrise que lui.

Plus loin dans l'article, il nous décrivait l'essence même de son secret : dans les arts martiaux, on considère en général que les énergies yin et yang (polarités négative et positive) doivent s'unir l'une à l'autre comme le logo bien connu en noir et blanc du yin et du yang. Il s'agit selon lui d'une erreur, car les deux polarités ne sont pas sensées s'unir. Elles n'ont qu'à coexister, à demeurer l'une en présence de l'autre. Il affirmait aussi qu'en général, les adeptes des arts martiaux ne travaillent qu'avec les énergies yang même s'ils pensent avoir uni les deux.

Fort de cette connaissance, ce maître du Chi Qong a décidé de tenter d'intégrer dans son corps l'énergie *yin* pure. Dans sa vraie nature, le yin ne s'unit pas au yang mais le repousse. Lorsqu'il a tenté de faire entrer l'énergie yin dans la région du nombril, sans essayer de la fondre avec l'énergie yang, le maître s'est évanoui. À sa deuxième tentative, il s'est à nouveau évanoui. À la troisième tentative, il a réussi à maintenir les deux polarités opposées en présence l'une de l'autre dans son corps.

Depuis, cette expérience a produit en lui une telle puissance magnétique qu'il peut maintenant guérir par l'imposition des mains. En outre, il n'a plus besoin d'autant d'heures de sommeil et il possède la santé parfaite. En rendant publique la clé de son pouvoir, à l'encontre de la tradition millénaire du secret, ce maître a démontré sa compréhension des besoins réels de notre spiritualité contemporaine.

J'ai su en lisant cet article que la vie venait de me faire un cadeau d'une grande valeur. J'ai médité de longs moments sur cette histoire et sur l'élément nouveau qu'elle apportait au processus énergétique. Ce secret partagé avec tant de générosité et de compassion, qui flottait librement dans la conscience collective, s'est posé sur un sol fertile et l'image du yin et du yang devant coexister sans se neutraliser continuait de faire son chemin en moi.

Puis, sans doute en raison du travail de recodage génétique que j'avais déjà accompli, une réaction alchimique s'est produite en moi et a réveillé un programme désamorcé. J'ai eu une révélation : j'ai compris qu'il y avait une adresse disponible pour cette coexistence dans notre ADN superflu et que nous pourrions permettre la coexistence de ces deux forces (polarités). Je venais de découvrir un nouveau chemin ne nécessitant pas de longues années de discipline. Je me suis ensuite attelée à concevoir un protocole permettant d'incorporer la charge yin négative à l'intérieur de nous pour qu'elle puisse coexister avec la charge yang positive.

L'étape suivante à franchir pour suivre l'exemple de ce maître, consistait à bien définir l'énergie yin en dehors de l'énergie yang. Il me restait aussi à installer un code pour que les charges opposées soient tolérées par mon organisme sans que je m'évanouisse !

J'étais très consciente du fait que même avec les meilleures intentions, nous continuons de subir des maladies, des émotions négatives et le reste. En général, nous pensons qu'un conflit doit nécessairement donner lieu à une réalité difficile au lieu d'imaginer une issue agréable. Lorsque la maladie surgit, qu'une faillite se produit ou qu'un conflit prend naissance par exemple, nous créons inconsciemment des événements porteurs de la polarité négative qui est nécessaire pour magnétiser la polarité positive par laquelle se réalise nos projets. Tout se passe comme si nous nous étions incarnés sur cette planète pour y acheter, en quelque sorte, des charges négatives pour notre aimant au point zéro, car elle regorge de ce type d'expériences.

Par contre, les événements négatifs sont si désagréables, les émotions négatives tellement inconfortables que nous sommes toujours en train de nous en départir, soit par la thérapie, la compulsion, les distractions, l'exercice excessif ou tout autre comportement susceptible d'alléger nos tensions. Tout est alors à recommencer. Utilisons une métaphore pour comprendre le piège dans lequel nous sommes lorsque nous nous situons en dehors du point zéro : la planète est un supermarché d'émotions ou de forces à polarité négative. Nous y entrons pour faire provision de charges négatives dans le but d'activer le pouvoir de nos charges positives. Cependant, nous remettons les charges négatives dans les rayons juste après les avoir prises parce que leur contact est trop désagréable. Nous arrivons toujours à la caisse le panier vide et nous devons recommencer. En d'autres mots, nous créons constamment des événements négatifs dans notre vie parce que nous avons besoin de leurs charges négatives pour faire fonctionner nos charges positives. Dès que ces évènements se produisent, nous faisons tout pour nous libérer de la charge négative le plus vite possible. Puis, nous recommençons, car le besoin est toujours là.

Intégrer le négatif

Le seul moyen de sortir de ce cercle infernal, c'est d'accepter les charges négatives, de les utiliser, de les intégrer pour qu'elles deviennent une des deux branches de notre aimant. Il est difficile de maintenir une charge positive très forte quand la charge négative est faible. Et il est plus difficile encore de manifester solidement de nouvelles réalités si nous n'avons pas de force magnétique pour les faire coller dans notre vie comme des aimants sur la porte d'un réfrigérateur.

Le maître Chi Qong nous indiquait donc que les disciples des arts martiaux, croyant avoir unifié les énergies yin et yang, n'utilisaient en fait que l'énergie yang, car ces deux énergies se repoussent et ne s'unissent pas. Et c'est exactement ce que nous faisons quand nous refusons les charges négatives (yin).

Toutefois, cette information ne me fournissait aucune indication sur la façon d'intégrer l'énergie yin. C'est plus tard, dans le cadre d'un traitement auprès d'une femme, que je l'ai découvert. Ce traitement portait sur un dossier d'inceste, alors que j'avais moi-même passé la nuit à travailler sur ma propre histoire d'enfance dysfonctionnelle. J'ai alors éprouvé beaucoup de compassion pour cette personne en raison de sa lutte incessante avec sa honte. J'ai compris qu'elle n'arriverait jamais à se débarrasser de cette honte avec un passé si lourd. À ce moment-là, j'ai eu la révélation que cette honte, apparemment sans fin, était une émotion d'une ampleur magnétique négative extraordinaire. J'ai compris que si je pouvais donner une adresse à cette honte dans l'ADN, cette femme pourrait recourir aisément à cette charge négative dans sa vie de tous les jours et elle n'aurait plus besoin de rappeler à elle des événements humiliants afin d'utiliser leur charge négative pour manifester ce qu'elle voulait magnétiser de positif dans sa vie.

J'ai compris ce matin-là, grâce à cette personne si courageuse, que je pouvais l'aider à intégrer cette honte dans son panier du supermarché, c'est-à-dire dans son ADN, pour qu'elle puisse finalement en profiter pour amplifier son énergie magnétique plutôt que d'être constamment vidée. Je venais, par ce traitement, de commencer à élaborer le schéma d'un nouveau protocole d'intégration des charges négatives.

En réfléchissant par la suite à la nature de l'ADN superflu, je me suis rendu compte qu'il y avait énormément d'adresses disponibles à l'intérieur de nous pour y intégrer les charges négatives créées quotidiennement, de sorte que nous puissions y avoir accès sur demande, sans devoir déclencher d'événements désagréables. J'ai depuis reprogrammé un grand nombre de personnes, et ces dernières ont vécu une accélération fort intéressante de leur évolution.

C'est cette intégration, cette conservation en nous, dans nos gènes, de la charge de nos expériences à polarité négative qui nous permettra de sortir enfin du supermarché les mains pleines et d'accéder au pouvoir dont parlait le maître Chi Qong.

Les stress émotionnels et les événements marquants de notre vie laissent des cicatrices à certains endroits de notre corps : le cerveau, la posture, les organes, les glandes endocrines, etc. C'est comme si ces endroits étaient encerclés d'un ruban jaune pareil à celui qui entoure le site d'un sinistre. Ce sont des zones « à risque » auxquelles nous n'avons pas toujours accès. Après avoir incorporé la charge négative de ces émotions à l'aide du protocole n° 11, j'ai remarqué qu'une régénération vibratoire s'effectuait dans ces zones conflictuelles. Je vérifie donc maintenant dans chacun de mes traitements si ces zones de conflit peuvent être réharmonisées par la nouvelle charge négative.

J'utilise le protocole n° 11 dès que j'ai besoin d'intégrer une émotion négative et je dois dire qu'à force de recoder de nouveaux codes par ce protocole, j'accède à de nouvelles sortes d'émotions.

Je me souviens de la première fois où, après avoir intégré dans mon code génétique la charge négative de la compétition ressentie face à une amie, nous avons eu une rencontre empreinte d'ouverture et d'harmonie. Auparavant, il existait toujours entre elle et moi une sorte de compétition spirituelle subtile qui l'amenait à censurer ses propos en ma présence. Comme j'ai une sensibilité sur le plan psychique, je les entendais de toute façon. Après son départ, j'étais toujours peinée de ma collaboration à cette censure et déçue de son comportement. Or cette fois-là, j'ai intégré la compétition avant son arrivée, pour vérifier si cela allait fonctionner et modifier quelque chose. Le résultat a été surprenant et notre amitié est en train de s'épanouir et d'emprunter une nouvelle avenue. Nous sommes enfin en train d'écrire une nouvelle histoire.

J'ai aussi en tête l'exemple d'un de mes amis, un homme d'affaires. Il avait bâti une entreprise avec un succès très enviable. Grâce à son entregent et à sa force de volonté, le chiffre d'affaires de sa compagnie atteignait un million de dollars. Cependant, toute la charge négative inhérente à cette réussite avait été niée. Chaque fois qu'il affrontait une difficulté, il ripostait, puis il passait à autre chose, sans se préoccuper de l'émotion négative qui en découlait. Cette façon de nier ses émotions négatives était liée à un programme par défaut qu'il tenait de son père, un homme extrêmement autoritaire. Mon ami se créa ainsi des ennemis qui eurent finalement raison de lui et le conduisirent à la faillite. Maintenant, pour avoir de nouveau du succès en affaires, il a choisi d'intégrer dans son code génétique l'émotion « *victime* » suscitée par cet incident et qui porte une charge négative importante.

L'intégration des charges négatives est un processus puissant. Imaginez l'intensité de la charge de la colère accumulée depuis de nombreuses années face à un parent abusif. Si nous pouvions mesurer l'ampleur énergétique de cette colère, nous observerions une force magnétique impressionnante. Une fois cette charge intégrée dans l'ADN, elle devient un pôle négatif formidable avec lequel nous pouvons agencer un pôle positif équivalent, sans avoir besoin de la colère. Ce sont de tels agencements qui constitueront dorénavant notre pouvoir de manifestation.

Maintenant que la charge magnétique d'une émotion, qui auparavant nous troublait et nous paralysait, va devenir une force avec laquelle nous allons créer ce que nous voulons au point zéro, nous ne verrons plus la charge négative comme une chose que nous devons combattre mais bien comme une force avec laquelle nous voulons créer. Voilà pourquoi nous allons remplacer, à partir de maintenant, le « *Je choisis... même si...* » par « *Je choisis...* ***avec...*** ». Ce faisant, nous allons ressentir qu'une nouvelle énergie circule et vibre littéralement à l'intérieur de nous. Nous allons nous sentir puissant et les conflits vont se régler très rapidement puisque nous allons nous en servir au lieu de les éviter.

Cependant, quand on pense à l'énergie magnétique, au Chi ou à la force vitale, il faut penser à l'électricité, aux pôles magnétiques, à la vitesse des photons, aux courants, aux flux et aux influx énergétiques. Un des éléments charnières dans le message du maître Chi Qong concernait la prédominance de l'énergie yang. Si vous vous rappelez, la première fois que ce maître avait voulu entrer en lui l'énergie yin, il s'est évanoui.

La force yang, prédominante depuis très longtemps, pouvait donc subir un choc à la suite du processus de reprogrammation du protocole. Pour faciliter le réalignement de ces deux polarités et le changement d'intensité que subira la force positive, j'ai dû ajouter dans le protocole un programme pour permettre au yang de se repolariser. (Je dois préciser qu'avant d'ajouter cet élément dans le protocole, j'ai bien pensé moi aussi m'évanouir en l'utilisant.) Pour y arriver, j'ai réactivé un programme perdu dans l'ADN superflu permettant que l'intégration des deux forces se fasse au point zéro, mon but étant bien sûr de toujours m'assurer que l'intégration de la force négative du yin dans l'ADN ne créera pas une déstabilisation de la force positive du yang.

Je dois, en toute honnêteté souligner que j'avais déjà accompli beaucoup d'étapes dans la reconnexion de mes hélices et la reprogrammation de mon code génétique avant d'utiliser ce protocole. Je vous invite donc à vous assurer de compléter d'abord le travail des protocoles du troisième chapitre avant de vous lancer dans les reprogrammations plus avancées des protocoles nos 11 et 12.

PROTOCOLE DE REPROGRAMMATION N° 11

Intégration de la polarité négative

Avertissements importants :

1. La personne qui effectue la reprogrammation (le programmeur) doit elle-même avoir reçu les protocoles précédents avant de se lancer dans ce protocole avancé.
2. Il est important d'identifier correctement et avec précision l'émotion particulière dont la charge négative sera intégrée par cette reprogrammation.

Première étape du protocole

Sert à identifier l'objet du protocole ainsi que les données à inclure dans la reprogrammation.

1re étape – PRÉPARATION

Avant de commencer à tester, émettre l'intention à voix haute : ***Je choisis d'être au point zéro même si je ne sais pas comment.*** Utiliser la kinésiologie (ou autre outil de test) pour trouver les réponses. Les données ainsi obtenues seront automatiquement prises en compte par l'intelligence innée du corps et la conscience du code génétique, en fonction de l'intention.

Cette vérification est importante.

1. **VÉRIFIER si la personne qui procède à la reprogrammation** (et non celle qui la reçoit) **peut utiliser ce protocole.**

   Si OUI, passer immédiatement au numéro 2.

   Si NON,

   A. NE PAS effectuer cette reprogrammation.

   B. Retourner au chapitre précédent et effectuer d'abord cette (ces) reprogrammation(s).

La « bonne » émotion négative est celle dont l'intégration comme charge magnétique négative dans l'ADN atteindra le but visé. Par exemple : une personne qui désire mettre fin à des problèmes d'argent peut croire qu'il faut installer la charge de l'émotion « pauvreté » alors qu'il faut plutôt intégrer celle de « l'humiliation » ou de « l'impuissance », etc.

2. **A. Identifier l'émotion négative à intégrer dans l'ADN par cette reprogrammation.**

   B. VÉRIFIER si c'est la bonne.

   Si NON, aller à l'Annexe IV, trouver une autre émotion et VÉRIFIER si c'est la bonne avant de passer au numéro 3.

Toutes sortes de raisons peuvent expliquer qu'on obtienne un NON ici. On n'a pas à chercher pourquoi. Il faut simplement respecter ce fait.

3. VÉRIFIER s'il est approprié pour l'évolution de la personne traitée d'installer maintenant dans l'ADN le programme de la charge magnétique négative liée à cette émotion.
Si NON,
- **A. NE PAS effectuer cette reprogrammation.**
- **B. VÉRIFIER combien de temps** (jours, semaines, mois) **on doit laisser passer avant de vérifier à nouveau si l'on peut effectuer cette reprogrammation.**

Il se peut que le programme soit installé dans l'ADN superflu et n'ait pas d'adresse spécifique.

Si OUI,
VÉRIFIER s'il est nécessaire d'obtenir une adresse spécifique.
Si NON, PASSER au numéro suivant.
Si OUI,
- **A. VÉRIFIER dans quel chromosome** (1 à 46...), **quel gène** (1 à 5 000+) **on doit installer le nouveau programme et**
- **B. VÉRIFIER combien de codons** (1 à 30 000+) **comporte ce programme.**

Le plan originel de l'ADN est le schéma antérieur à toute mutation génétique. Si cette information y est toujours latente, elle sera automatiquement incluse dans la reprogrammation.

4. VÉRIFIER si ce programme existait déjà dans le plan originel de l'ADN.
Si OUI,
- **A. VÉRIFIER si on peut le reproduire ici.**
- **B. VÉRIFIER si l'on doit installer un pont.**

Il s'agit d'un thème ou d'un autre programme qui pourrait neutraliser celui que nous sommes en train d'installer.

5. VÉRIFIER s'il y a un programme et/ou un thème nuisible en résonance (écho) et/ou en dualité (polarité) qui pourrait interférer avec le nouveau programme.
TESTER chaque mot de la phrase précédente.

Les mémoires des anciens programmes pourraient interférer avec le nouveau programme.

6. VÉRIFIER si des mémoires liées à un ou plusieurs ancien(s) programme(s) pourraient empêcher l'intégration dans l'ADN de la charge négative de cette émotion.
Si OUI, combien y a-t-il de mémoires ?

Cette donnée sera automatiquement incluse dans la reprogrammation.

7. **VÉRIFIER si la personne peut exister en dehors des événements qui déclenchent cette émotion et lui procurent une charge négative.**

8. **VÉRIFIER si la personne a encore besoin de ce genre d'événements pour avoir accès à la charge négative.**

9. **VÉRIFIER si la personne peut vivre en dehors de la dualité et intégrer les deux forces opposées sans avoir besoin de l'événement déclencheur.**

Pour les numéros 10 à 12, testez s'il faut « mettre au point zéro » et/ou « dissoudre ».

10. **VÉRIFIER si la mémoire d'événements déclencheurs dans toutes les incarnations passées, présentes ou futures et/ou dans toutes les dimensions doit être mise au point zéro et/ou dissoute.**

11. **VÉRIFIER si le stress lié à ce genre d'événements doit être mis au point zéro et/ou dissous.**

12. **VÉRIFIER si les miasmes qui sont entrés ou qui ont été activés par ce genre d'événements doivent être mis au point zéro et/ou dissous.**

Pour savoir comment tester un nombre, consultez l'Annexe II. Il peut y avoir des centaines, parfois des milliers, de fragments.

13. **A. VÉRIFIER combien de fragments se sont séparés de la personne à cause de ce genre d'événements OU quel pourcentage de la personne est fragmenté et séparé à cause de ce genre d'événements.**
    B. VÉRIFIER s'il est approprié de ramener ces fragments dans le présent au point zéro et de les ancrer dans l'ADN.

14. **VÉRIFIER s'il existe un pattern familial lié à cette émotion négative.**
    Si OUI.
    A. VÉRIFIER à combien de générations il remonte et s'il est d'origine maternelle ou paternelle.
    B. VÉRIFIER si on doit l'incorporer dans l'ADN comme charge magnétique négative.

Testez les éléments (A à G). Les données seront automatiquement incluses dans la reprogrammation.

15. VÉRIFIER si la polarité magnétique négative de cette émotion doit être installée dans les zones de conflit suivantes afin qu'elles soient au point zéro :
- **A. le cerveau, le coeur et la rate;**
- **B. les glandes endocrines;**
- **C. le système nerveux et les peptides;**
- **D. le système immunitaire;**
- **E. les cellules, le liquide intra et extra cellulaire, les atomes, les éléments quantiques (quarks, muons, cordelettes, etc.);**
- **F. les hélices, les chakras, les corps énergétiques et l'âme;**
- **G. autre endroit** (Annexe III).

16. VÉRIFIER si la personne traitée a accès à la charge négative installée par cette reprogrammation.

17. VÉRIFIER si la personne traitée peut dire OUI à la charge positive correspondante. Doit-on savoir laquelle ?
Si OUI, allez à l'Annexe V (colonne de droite) **pour identifier l'émotion positive.**

18. VÉRIFIER si le code génétique de la personne traitée contient le programme lui permettant de maintenir la polarité positive en présence de la polarité négative sans qu'elles se neutralisent.

19. VÉRIFIER si l'intégration de la force négative crée une déstabilisation de la force positive.

Testez chaque mot.

20. VÉRIFIER si la force négative et/ou positive va subir un choc électrique ou magnétique dans ce processus.
Si OUI,
VÉRIFIER s'il faut installer dans le nouveau programme un code pour lui permettre de se mettre au point zéro.
Si OUI, VÉRIFIER s'il est nécessaire d'obtenir une adresse spécifique.
Si NON, PASSER au numéro suivant.
Si OUI, en COMMANDER l'installation sur le chromosome n° ____ (1 à 46…) **et le gène n°** ____ (1 à 5 000+), **avec** ____ **codons** (1 à 30 000+).

Il se peut que le programme soit installé dans l'ADN superflu et n'ait pas d'adresse spécifique.

Comme rien ne se perd et rien ne se crée, les charges négatives que nous refusons peuvent être utilisées par d'autres entités. Testez si cette charge doit être mise au point zéro et/ou dissoute.

21. VÉRIFIER si la personne traitée donnait à une autre entité la charge magnétique négative générée par cette émotion.
Si OUI,
- **A. VÉRIFIER quel pourcentage de cette énergie était ainsi donnée.**
- **B. VÉRIFIER s'il existait une alliance à ce sujet avec cette entité.**
  Si OUI, la mettre au point zéro et/ou la dissoudre.

Les données seront automatiquement incluses dans la reprogrammation.

22. VÉRIFIER si la personne traitée peut arriver à manifester des événements à 100 % sans avoir besoin d'une émotion difficile pour générer la force magnétique négative nécessaire.

23. VÉRIFIER si la personne traitée peut intégrer la nouvelle charge négative dans son quotidien.

Nous pouvons avoir réglé une émotion, l'avoir intégrée dans le code génétique sans que le corps ne le sache.

24. VÉRIFIER s'il faut installer un pont entre le corps physique et la charge magnétique négative.

25. VÉRIFIER si l'intégration de la force négative est au point zéro.

Il se peut qu'avant de pouvoir installer la reprogrammation, d'autres données doivent y être inscrites.

26. VÉRIFIER s'il est nécessaire d'intégrer d'autres données dans ce programme avant son installation.
Si OUI,
- **A. TESTER combien de données doivent être intégrées;**
- **B. ALLER à l'Annexe III et SUIVRE les instructions pour tester quelles données doivent être intégrées;**
- **C. REVENIR au protocole et PASSER à l'étape suivante.**

Deuxième étape du protocole

2e étape – INSTALLATION DE LA REPROGRAMMATION

L'installation de la reprogrammation tient compte de toutes les données trouvées à la première étape.

1. **DIRE :** ***Je commande que ce nouveau programme s'installe dans le noyau de la cellule maîtresse de l'épiphyse dans toutes les vies et toutes les dimensions.***

À mesure que l'on dit la commande à voix haute, chaque élément énuméré est intégré dans la reprogramma-tion. Utilisez le ton de la prière ou de l'hyp-nose.

2. **DIRE :** ***Je commande que, de l'épiphyse, il se rende :***
   - **A.** ***aux glandes endocrines;***
   - **B.** ***au cerveau, au coeur, à la rate, au système nerveux et aux peptides;***
   - **C.** ***aux cellules, au liquide intra et extracellulaire, au vide interstitiel, aux atomes et aux éléments quantiques (quarks, muons et cordelettes, etc.);***
   - **D.** ***à toutes les hélices, à tous les chakras, à tous les corps énergétiques et à l'âme;***
   - **E.** ***autre endroit*** (Annexe III).

Si vous devez savoir lequel, allez à la sec-tion 16 de l'Annexe III et trouvez l'endroit.

3. **DIRE :** ***Je commande à l'ARN de se reconnecter et de soutenir ce nouveau programme.***

Le plan originel de l'ADN est le schéma antérieur à toute mutation génétique.

4. **DIRE :** ***Je commande aux codons de se remettre dans l'ordre du programme originel parfait même s'il y a eu des inversions de code.***

5. **DIRE :** ***Je commande à la vitesse des photons et à la structure de la spirale de l'ADN de s'ajuster.***

6. **DIRE :** ***Je commande le renouvellement des liens dans le corps calleux, selon le plan originel.***

Pour une définition du télomère et de la télomérase, consultez l'Annexe I.

7. **DIRE :** ***Je commande l'intégrité parfaite du télomère et de la télomérase.***

La liste des systèmes se trouve à l'Annexe VII.

8. **DIRE :** ***Je commande que les déchets des vieux programmes soient mis au point zéro et/ou éliminés à travers les systèmes appropriés.***

9. **DIRE :** ***Je commande que ce nouveau programme soit parfaitement scellé.***

Pour la définition du Merkabah, consultez l'Annexe I.

10. **DIRE :** ***Je commande que le Merkabah soit parfaitement scellé.***

11. **DIRE :** ***Je commande qu'aucune radiation n'affecte l'ADN ou l'ARN.***

12. **DIRE :** ***Je commande que ce nouveau programme s'installe complètement, et jusqu'à nouvel ordre, dans le bulbe rachidien, ici et maintenant.***

13. **DIRE :** ***Je commande que cette reprogrammation soit parfaitement tolérée, parfaitement intégrée et au point zéro.***

POINT ESSENTIEL de la reprogrammation

14. **DIRE :** ***Je commande que la puissance, l'harmonie et la justesse de cette reprogrammation s'installent dans l'ADN et que ce nouveau programme s'active complètement.***

Troisième étape du protocole

3e étape – CONCLUSION DU PROTOCOLE

Il se peut que le programme, pour être codé convenablement, exige l'installation d'autres données.

15. **VÉRIFIER s'il est nécessaire d'intégrer d'autres données à la reprogrammation pour qu'elle soit effective, tolérée et intégrée.**
    Si OUI,
    A. TESTER combien de données doivent être intégrées;
    B. ALLER à l'Annexe III et SUIVRE les instructions pour tester quelles données doivent être intégrées;
    C. REVENIR au protocole et PASSER au numéro 16.

Ceci clôt le protocole.

16. **DIRE :** ***Je commande que cette reprogrammation soit tolérée et intégrée, selon le plan originel, dans la fréquence de l'amour, même si les hélices ont été désactivées dans le passé.***

Ceci scelle la reprogrammation.

17. **DIRE :** ***Je commande que cette régénération soit complète et scellée jusqu'à nouvel ordre de la part de... (nom de la personne traitée).***

EXEMPLE DÉTAILLÉ DU PROTOCOLE N° 11

La simple lecture de ce protocole suffit à éveiller en nous des reprogrammations importantes pour l'intégration de nos émotions négatives afin que ces dernières nous permettent d'accroître notre pouvoir sur nous-même et sur notre vie. Comme il s'agit d'une reprogrammation plus poussée du code génétique, j'ai jugé utile d'en présenter un exemple en suivant une à une les instructions de ce protocole.

1re étape – PRÉPARATION

Utiliser la kinésiologie (ou autre outil de test) pour trouver les réponses. Les données ainsi obtenues seront automatiquement prises en compte par l'intelligence innée du corps et la conscience du code génétique, en fonction de l'intention.

Cela signifie par exemple que si on vérifie le pourcentage d'intégrité et qu'on obtient un chiffre inférieur à 100 % ou lorsqu'il faut obtenir un OUI et qu'on obtient un NON (ou l'inverse), ***cette donnée est comprise comme un état de fait qui sera automatiquement ajusté par le processus de reprogrammation. NOUS N'AVONS PAS BESOIN D'EN CONNAÎTRE LA CAUSE .***

Objet du protocole :

Un homme est constamment écarté des promotions auxquelles il croit avoir droit à son travail.

1. **VÉRIFIER si la personne qui procède à la reprogrammation** (et non celle qui la reçoit) **peut utiliser ce protocole.**
   Si OUI, passer immédiatement au n° 2.

   Si NON,
   - **A. NE PAS effectuer cette reprogrammation.**
   - **B. Retourner au chapitre précédent et effectuer d'abord cette (ces) reprogrammation(s).**

     J'obtiens un OUI. Si je n'avais pas effectué tous les protocoles dont j'ai besoin au chapitre 3, j'aurais obtenu un NON.

2. **A. Identifier l'émotion négative à intégrer dans l'ADN par cette reprogrammation.**
   B. VÉRIFIER si c'est la bonne.
   Si NON, aller à l'Annexe IV, trouver une autre émotion et VÉRIFIER si c'est la bonne avant de passer au n° 3.

Après avoir discuté avec cet homme, nous choisissons d'intégrer dans l'ADN l'émotion « être méprisé ».
Cependant, en testant, je constate que ce n'est pas la bonne émotion. Je vais à l'Annexe IV pour tester la liste des émotions et j'obtiens un OUI à « amertume ». Il est en effet très amer à ce propos, comme il l'admet lui-même quand je lui fais part du résultat de ma recherche dans l'Annexe IV.
Je revérifie si « amertume » est la bonne émotion et j'obtiens un OUI.
Si je n'avais rien trouvé à l'Annexe IV, j'aurais également pu tester dans l'Annexe V ou encore laisser mon intuition me guider pour trouver l'émotion négative appropriée.

3. **VÉRIFIER s'il est approprié pour l'évolution de la personne traitée d'installer maintenant dans l'ADN le programme de la charge magnétique négative liée à cette émotion.**
   Si NON,
   - **A. NE PAS effectuer cette reprogrammation.**
   - **B. VÉRIFIER combien de temps** (jours, semaines, mois) **on doit laisser passer avant de tester à nouveau si l'on peut effectuer cette reprogrammation.**
     Si OUI,
       VÉRIFIER s'il est nécessaire d'obtenir une adresse spécifique.
       Si NON, PASSER au numéro suivant.
       Si OUI,
       - **A. VÉRIFIER dans quel chromosome** (1 à 46...), **quel gène** (1 à 5 000+) **on doit installer le nouveau programme et**
       - **B. VÉRIFIER combien de codons** (1 à 30 000+) **comporte ce programme.**

J'obtiens un OUI.
Je trouve que je dois intégrer la charge magnétique négative liée à l'émotion « amertume » dans le gène 326 du chromosome 32 et que ce programme contient 31 codons.
Je construis donc ma commande avec ces données.

4. **VÉRIFIER si ce programme existait déjà dans le plan originel de l'ADN.**
   Si OUI,
   - **A. VÉRIFIER si on peut le reproduire ici.**
   - **B. VÉRIFIER si l'on doit installer un pont.**

J'obtiens un OUI.
Je peux le reproduire ici.
Il n'est pas nécessaire d'installer un pont.

5. **VÉRIFIER s'il y a un programme et/ou un thème nuisible en résonance (écho) et/ou en dualité (polarité) qui pourrait interférer avec le nouveau programme.** *TESTER chaque mot.*

Je teste chaque mot et j'obtiens qu'il existe un thème nuisible en dualité avec celui que je suis en train d'installer. Je passe au numéro suivant, car ce programme sera mis au point zéro ou dissous dans la deuxième partie du protocole.

6. **VÉRIFIER s'il y a des mémoires ou liées à un ou plusieurs ancien(s) programme(s) qui pourraient empêcher l'intégration dans l'ADN de la charge négative de cette émotion.**
   Si OUI, VÉRIFIER combien y a-t-il de mémoires ?
   J'obtiens un oui. Je teste pour trouver combien de mémoires sont en cause et j'obtiens 33. Cette donnée est intégrée à la reprogrammation automatiquement.

7. **VÉRIFIER si la personne peut exister en dehors de l'événement qui déclenche cette émotion et lui procure cette charge négative.**
   J'obtiens un NON. J'inclus donc cette donnée dans la reprogrammation par l'intention. L'intention ici est bien sûr que la personne ait accès à cette charge magnétique sans avoir besoin continuellement de l'événement (être écarté des promotions) qui déclenche cette émotion négative (l'amertume).

8. **VÉRIFIER si la personne a encore *besoin* de ce genre d'événements pour avoir accès à la charge négative.**
   J'obtiens un NON (la personne n'a plus besoin d'être écartée des promotions pour bénéficier de la charge magnétique négative correspondant à l'émotion amertume.) Cela signifie qu'elle peut maintenant se délester de ce vieux scénario.

9. **VÉRIFIER si la personne peut vivre en dehors de la dualité et intégrer les deux forces opposées sans avoir besoin de l'événement déclencheur.**
   Comme l'être humain est habitué à vivre dans la dualité et à passer d'un pôle à l'autre plutôt que de vivre dans un état « neutre » qui reste créatif même en l'absence d'événements négatifs, il est important de vérifier ceci.
   J'obtiens un NON. Cette donnée sera automatiquement incluse dans la reprogrammation.

10. **VÉRIFIER si la mémoire d'événements déclencheurs dans toutes les incarnations passées, présentes ou futures et/ou dans toutes les dimensions doit être mise au point zéro et/ou dissoute.**
    Comme le temps n'est pas linéaire, au niveau énergétique, il est important de tester tous les mots. Je teste et j'obtiens qu'il faut les dissoudre dans toutes les incarnations et les mettre au point zéro dans toutes les dimensions. La reprogrammation en tiendra compte. Ceci est important pour éviter que d'anciennes mémoires viennent annuler les effets de la reprogrammation.

11. VÉRIFIER si le stress lié à ce genre d'événements doit être mis au point zéro et/ou dissous.

Il faut le dissoudre. La reprogrammation en tiendra compte et ce sera fait puisque telle est mon intention.
Maintenant que cet homme n'a plus besoin de l'événement déclencheur, je peux alléger son organisme en dissolvant le stress accumulé lors des nombreuses fois où il a été écarté d'une promotion.

12. VÉRIFIER si les miasmes qui sont entrés ou qui ont été activés par ce genre d'événements doivent être mis au point zéro et/ou dissous.

Les miasmes sont des vides ou des failles énergétiques qui nous rendent plus fragiles face à certaines pathologies ou déséquilibres psychologiques. Quoique vibratoires, les miasmes peuvent se manifester physiquement au niveau des cellules, si certaines conditions sont présentes.
Je n'obtiens aucun OUI en testant tous les mots de cette phrase. Cela signifie qu'il n'y avait pas de miasmes.

13. A. VÉRIFIER combien de fragments se sont séparés de la personne à cause de ce genre d'événements OU quel pourcentage de la personne est fragmenté et séparé à cause de ce genre d'événements.

B. VÉRIFIER s'il est approprié de ramener ces fragments dans le présent au point zéro et de les ancrer dans l'ADN.

Certains traumatismes peuvent provoquer une fragmentation de l'être qui ne peut être complet que lorsqu'il s'est réapproprié tous ses fragments.

A. *Je trouve 15 fragments.*
B. *J'obtiens que c'est approprié, aussi telle est mon intention et la reprogrammation en tiendra compte.*

14. VÉRIFIER s'il existe un pattern familial lié à cette émotion négative.
Si OUI

A. **VÉRIFIER à combien de générations il remonte et s'il est d'origine maternelle ou paternelle.**
B. **VÉRIFIER si l'on peut l'incorporer dans l'ADN comme charge magnétique négative.**

Tout comme on a peur des émotions négatives avant de comprendre qu'elles sont une force magnétique importante pour créer (magnétiser), l'idée d'ancrer à l'intérieur de l'ADN des patterns familiaux négatifs peut sembler rébarbative. Toutefois, c'est en l'intégrant ainsi au point zéro que l'on peut mettre fin à la réactivation constante des programmes familiaux.
J'obtiens qu'il existe bien un pattern familial et qu'il remonte à cinq générations.

15. VÉRIFIER si la polarité magnétique négative de cette émotion doit être installée dans les zones de conflit suivantes afin qu'elles soient au point zéro :

A. le cerveau, le coeur et la rate;
B. les glandes endocrines;
C. le système nerveux et les peptides;
D. le système immunitaire;
E. les cellules, le liquide intra et extra cellulaire, les atomes, les éléments quantiques (quarks, muons, cordelettes, etc.);
F. les hélices, les chakras, les corps énergétiques et l'âme;
G. autre endroit (voir l'Annexe III)**.**

Les conflits peuvent laisser des traces et créer des zones de faiblesses où l'énergie circule moins bien. En y installant la polarité magnétique négative, on brise les résistances dans les zones de conflit, qui peuvent alors reprendre leur force.
Je dis la commande à voix haute en testant chaque mot. Les mots « cellules » et « liquide intra et extracellulaire » testent NON et cela est intégré automatiquement à la reprogrammation.

16. VÉRIFIER si la personne traitée a accès à la charge négative installée par cette reprogrammation.
J'obtiens un NON. La personne n'a pas encore accès à la charge négative, même si elle est installée. J'inclus donc cette donnée dans la reprogrammation pour qu'elle soit ajustée de façon qu'elle y ait accès.

17. VÉRIFIER si la personne traitée peut dire OUI à la charge positive correspondante.
Puisque j'installe, en quelque sorte, une nouvelle route au niveau de la polarité négative, je dois aussi m'assurer que la personne a également accès à la charge positive correspondante.
J'obtiens un OUI.

18. VÉRIFIER si le code génétique de la personne traitée contient le programme lui permettant de maintenir la polarité positive en présence de la polarité négative sans qu'elles se neutralisent.
J'obtiens un NON. J'inclus cette donnée dans la reprogrammation et le programme voulu sera installé dans son code génétique.

19. VÉRIFIER si l'intégration de la force négative crée une déstabilisation de la force positive.
Auparavant, c'est la force positive (yang) qui dominait. En installant la force magnétique négative, il se peut que le système établi, qui fonctionnait depuis longtemps, soit déséquilibré. J'obtiens un OUI. Cette donnée sera automatiquement incluse dans la reprogrammation.

20. VÉRIFIER si la force négative et/ou positive va subir un choc électrique ou magnétique dans ce processus.
Si OUI,
VÉRIFIER s'il faut installer dans le nouveau programme un code pour lui permettre de se repolariser au point zéro.
Si OUI, VÉRIFIER s'il est nécessaire d'obtenir une adresse spécifique.
Si NON, PASSER au numéro suivant.
Si OUI, en COMMANDER l'installation sur le chromosome n° ____ (1 à 46…) **et le gène n°** ____ (1 à 5 000+), **avec** ____ **codons** (1 à 30 000+).
J'obtiens un OUI à « force positive » et « choc électrique ou magnétique ». La force négative nouvellement insérée dans l'ADN de la personne doit se faire une place aux côtés de la force positive déjà présente. Ce défi pour la force négative, comme tout changement soudain, crée un choc.
Je teste également que le nouveau programme devra comprendre un code pour permettre à la force positive de se repolariser. Cette donnée fait désormais partie de la reprogrammation.

21. VÉRIFIER si la personne traitée donnait à une autre entité la charge magnétique négative générée par cette émotion.
Si OUI,
A. VÉRIFIER quel pourcentage de cette énergie était ainsi donnée.
B. VÉRIFIER s'il existait une alliance à ce sujet avec cette entité. Si OUI, la mettre au point zéro et/ou la dissoudre.
J'obtiens un OUI. Rien ne se perd, rien ne se crée. Comme cet homme n'utilisait pas la force magnétique négative générée par l'émotion « amertume », celle-ci était utilisée ailleurs.
Je teste pour connaître le pourcentage et j'obtiens 76 %. Il y avait une alliance et je teste qu'il faut la dissoudre.
De cette façon, il pourra se réapproprier à 100 % la charge négative de l'émotion « amertume ».

22. VÉRIFIER si la personne traitée peut arriver à manifester des événements à 100 % sans avoir besoin d'une émotion difficile pour générer la force magnétique négative nécessaire.
J'obtiens un OUI. Cela signifie que le pouvoir de cet homme de manifester des événements positifs à 100 % ne dépend plus d'un événement générant l'émotion « amertume ».

23. VÉRIFIER si la personne traitée peut intégrer la nouvelle charge négative dans son quotidien.
Je teste *NON. Cette donnée sera automatiquement incluse dans la reprogrammation, pour s'assurer que la nouvelle force négative soit bien intégrée dans sa vie de tous les jours afin qu'elle puisse être réellement efficace.*

24. VÉRIFIER s'il faut installer un pont entre le corps physique et la charge magnétique négative.
J'obtiens un OUI. Cela signifie que le corps a bien enregistré le changement magnétique.

25. VÉRIFIER si l'intégration de la force négative est au point zéro.
Je teste NON. J'inclus cette donnée dans la reprogrammation, car je dois m'assurer que l'intégration soit au point zéro.

26. VÉRIFIER s'il est nécessaire d'intégrer d'autres données dans ce programme avant son installation.
Si OUI,
A. TESTER combien de données doivent être intégrées;
B. ALLER à l'Annexe III et SUIVRE les instructions pour tester quelles données doivent être intégrées;
C. REVENIR au protocole et PASSER à l'étape suivante.
J'obtiens un NON. Je passe donc à l'étape Installation.

La deuxième partie du protocole sert à installer le nouveau programme. Elle est semblable à celle de tous les protocoles précédents.

Johanne S. m'a fait parvenir un témoignage éloquent au sujet de ce protocole :
J'étais tellement enthousiasmée de la technique de l'intégration de la charge négative que j'ai voulu que les gens autour de moi puissent profiter de cette technique révolutionnaire. J'ai donc commencé lentement le processus de traitement en mentionnant aux gens que l'on partait sur une route qui nous amenait à une destination mais que nous ne savions pas ce que l'Intelligence Innée nous ferait prendre comme route secondaire, de campagne, avec des réparations et comme autoroute. Le tout pour trouver le thème central [le noeud] des émotions qui ont toujours été présentes tout au long de notre passage sur la Terre. Je me plaçais au Point Zéro tout en me laissant guider... Après des discussions et des échanges, nous pouvions conclure et définir la « charge négative » à intégrer pour faire le traitement, ce qui demandait seulement environ 20 à 25 minutes.

Les résultats furent extraordinaires. J'ai reçu du feedback *des gens que j'avais traités et j'ai pu constater avec eux les changements qui s'effectuaient après ce traitement. De plus, après deux mois intenses de traitements auprès des femmes, je ne pouvais que constater que je me traitais moi aussi et tout ceci me permettait d'aller voir mon propre thème central émotionnel.*

Actuellement, je suis en état de recevoir de la Vie ce qu'il y a de meilleur pour moi, dans l'Abondance et la Prospérité en toute bonne chose, le tout sur la fréquence de l'Amour au Point Zéro.

Une autre personne que j'ai traitée m'a signalé qu'après avoir inclus la charge magnétique de l'inceste à l'intérieur de son code génétique, elle avait ressenti un grand silence à l'intérieur d'elle. Elle a mentionné qu'auparavant, elle avait toujours une tension interne qui bourdonnait comme une machine à l'intérieur de soi. Depuis, cette crispation s'est arrêtée immédiatement et de façon irrévocable.

PROTOCOLE N° 12

Intégrer la polarité positive

Lorsque j'ai commencé à intégrer la charge magnétique de mes émotions négatives, je me suis mise à ressentir un nouveau pouvoir à l'intérieur de moi. Je me sentais forte mais sans ego. J'avais rarement ressenti cela dans ma vie et je me sentais vraiment bien.

Puis j'ai eu un autre grand moment d'inspiration, au volant de mon auto alors que j'allais rejoindre mon père pour dîner. Je me suis dit que si on venait sur terre pour expérimenter des émotions afin d'en incorporer la charge et qu'on pouvait acquérir du pouvoir sans le déclencher continuellement par des événements difficiles, il serait vraiment génial de pouvoir aussi avoir accès à la charge positive d'un moment heureux sans avoir nécessairement à le revivre constamment. En d'autres mots, pourquoi ne pas créer un protocole permettant d'intégrer les charges positives ? Après tout, quand on s'y arrête, il est surprenant de constater à quel point nous avons tendance à rechercher également les événements heureux pour ensuite en laisser tomber la charge et tout recommencer. Ne serait-il pas très intéressant d'avoir accès à la polarité positive d'un voyage dans les Îles, d'une belle surprise ou de tout autre événement déclencheur de cette polarité positive, sans avoir à prendre l'avion ni à attendre que notre conjoint nous fasse une surprise ?

C'est donc ce que j'ai fait. Depuis que je travaille avec ce nouveau protocole (qui est présenté dans les pages suivantes), j'ai fait de nouvelles découvertes, comme vous allez sûrement en faire vous-mêmes. Par exemple, j'ai intégré dans mon code génétique le plaisir, la passion, le mystère, l'excitation et le bonheur que m'avait procuré un vieil amour qui ne voulait par mourir. Je gardais caché au fond de mon cœur cette belle histoire qui s'était mal terminée. C'était un regret caché qui ne s'atténuait pas même si j'avais refait – et bien refait – ma vie depuis. J'ai donc installé les qualités positives de cette expérience amoureuse à l'intérieur de mon ADN pour pouvoir accéder à ces charges positives chaque fois que j'en aurais besoin. Maintenant, que je porte en moi sa richesse, je suis libérée de cette vieille histoire et j'ai enfin pu fermer la boucle sans aucun regret. En fait, j'en suis enrichie !

Vous pouvez utiliser ce protocole pour installer n'importe quel état. L'état de béatitude, par exemple, ou l'état de sécurité, l'état de liberté et ainsi de suite. J'ai pensé inclure ici une courte liste de charges positives à intégrer dans l'ADN. Vous pouvez donc intégrer une charge positive qui vous est familière, comme celles décrites plus haut, ou encore vous pouvez tester si l'une de celles figurant dans cette liste est appropriée pour vous en ce moment.

1. OM AHIMSA AHIMSA OM (Le mantra de la paix)
2. AUM MANE PADME OM (« Le cœur du Lotus », c'est le mantra de la compassion utilisé par les bouddhistes qui étudient avec le Dalaï Lama.)
3. NAM MYOHO RENGE KYO (Le principe de la simultanéité de la cause et de l'effet, autrement dit la manifestation instantanée de la résultante de ses prières.)
4. OM NAMAH SHIVAYA (Ceci est un mantra très puissant qui amène la lumière.)
5. AMOUR DE SOI
6. JE SUIS DIEU / DÉESSE
7. ASCENSION
8. ENCOURAGEMENT
9. ON VA S'EN SORTIR (ou « Cette fois-ci, on va s'en sortir. »)
10. ÂME SŒUR (J'ai une âme sœur incarnée présentement sur la Terre; elle est disponible et accessible.)
11. ABONDANCE (Financière, sexuelle, émotive, spirituelle, mentale, stellaire ou autre)
12. SUCCÈS
13. EXTASE
14. AMITIÉ/AMOUR

Je vous invite donc à vous amuser avec le protocole n° 12. Incorporez des charges positives dans votre ADN et servez-vous de cette polarité intégrée pour régénérer votre santé.

PROTOCOLE DE REPROGRAMMATION N° 12

Intégration de la polarité positive

Ce protocole est très semblable au protocole n° 11, mais il est conçu pour l'intégration des charges positives. On peut, par exemple, inscrire dans l'ADN superflu une charge positive telle que « Il existe sur Terre une âme sœur disponible pour moi ». On peut aussi inscrire la charge positive d'événements heureux dont on souhaiterait bénéficier sans avoir besoin de l'événement en question. Par exemple, on peut intégrer la charge positive « vacances reposantes » et bénéficier constamment de cette charge sans avoir besoin d'être tout le temps en vacances. Autre exemple, sur le plan des relations amoureuses, si on a du mal à oublier un amour terminé mais qui fut heureux, on peut intégrer une charge positive comme « plaisir », « être aimé » pour avoir accès aux sentiments (et énergies) de bonheur que cela procure sans avoir à se remémorer constamment cette personne ou les événements vécus avec elle.

Première étape du protocole

Sert à identifier l'objet du protocole ainsi que les données à inclure dans la reprogrammation.

1re étape – PRÉPARATION

Avant de commencer à tester, émettre l'intention à voix haute : ***Je choisis d'être au point zéro même si je ne sais pas comment.*** Utiliser la kinésiologie (ou autre outil de test) pour trouver les réponses. Les données ainsi obtenues seront automatiquement prises en compte par l'intelligence innée du corps et la conscience du code génétique, en fonction de l'intention.

Cette vérification est importante.

1. **VÉRIFIER si la personne qui procède à la reprogrammation** (et non celle qui la reçoit) **peut utiliser ce protocole.**

   Si OUI, passer immédiatement au numéro 2.

   Si NON,

   A. NE PAS effectuer cette reprogrammation.

   B. Retourner au chapitre précédent et effectuer d'abord cette (ces) reprogrammation(s).

La « bonne » émotion positive est celle dont l'intégration dans l'ADN comme charge magnétique atteindra le but visé. Par exemple : Une personne qui désire

2. **A. Identifier l'émotion positive à intégrer dans l'ADN par cette reprogrammation.**

   B. VÉRIFIER si c'est la bonne.

   Si NON, aller à l'Annexe V (nouvelle structure) **ou à la page 157, trouver une autre émotion et VÉRIFIER si c'est la bonne avant de passer au numéro 3.**

mettre fin à des problèmes d'argent, peut croire qu'il faut installer la charge de l'émotion « être riche » alors qu'il faut plutôt intégrer le sentiment (l'émotion) « indépendance » ou « liberté », etc.

Toutes sortes de raisons peuvent expliquer qu'on obtienne un NON ici. On n'a pas à chercher pourquoi. Il faut simplement respecter ce fait.

3. **VÉRIFIER s'il est approprié pour l'évolution de la personne traitée d'installer maintenant dans l'ADN le programme de la charge magnétique positive liée à cette émotion.**
   Si NON,
   - **A. NE PAS effectuer cette reprogrammation.**
   - **B. VÉRIFIER combien de temps** (jours, semaines, mois) **on doit laisser passer avant de vérifier à nouveau si l'on peut effectuer cette reprogrammation.**

   Si OUI

   Il se peut que le programme soit installé dans l'ADN superflu et n'ait pas d'adresse spécifique.

   VÉRIFIER s'il est nécessaire d'obtenir une adresse spécifique.
   Si NON, PASSER au numéro suivant.
   Si OUI,
   - **A. VÉRIFIER dans quel chromosome** (1 à 46…)**, quel gène** (1 à 5 000+) **on doit installer le nouveau programme et**
   - **B. VÉRIFIER combien de codons** (1 à 30 000+) **comporte ce programme.**

Le plan originel de l'ADN est le schéma antérieur à toute mutation génétique. Si cette information y est toujours latente, elle sera automatiquement incluse dans la reprogrammation.

4. **VÉRIFIER si ce programme existait déjà dans le plan originel de l'ADN.**
   Si OUI,
   - **A. VÉRIFIER si on peut le reproduire ici.**
   - **B. VÉRIFIER si l'on doit installer un pont.**

Il s'agit d'un thème ou d'un autre programme qui pourrait neutraliser celui que nous sommes en train d'installer.

5. **VÉRIFIER s'il y a un programme et/ou un thème nuisible en résonance (écho) et/ou en dualité (polarité) qui pourrait interférer avec le nouveau programme.**
   TESTER chaque mot de la phrase précédente.

Les mémoires des anciens programmes pourraient interférer avec le nouveau programme.

6. **VÉRIFIER si des mémoires liées à un ou plusieurs ancien(s) programme(s) pourraient empêcher l'intégration dans l'ADN de la charge positive de cette émotion.**
   Si OUI, VÉRIFIER combien de mémoires sont en cause.

Cette donnée sera automatiquement incluse dans la reprogrammation.

7. **VÉRIFIER si la personne traitée a encore besoin de l'événement qui déclenche cette émotion pour avoir accès à la charge positive.**

Testez chaque mot.

8. **VÉRIFIER si on peut récupérer, réintégrer et réactiver la mémoire de ce genre d'événements dans toutes les incarnations passées, présentes ou futures, dans le non-temps et dans toutes les dimensions.**

9. **VÉRIFIER si l'on doit intégrer dans l'ADN le bien-être lié à ce genre d'événements.**

10. **VÉRIFIER s'il existe un pattern familial lié à cette émotion positive,**
    Si OUI,
    A. **VÉRIFIER à combien de générations il remonte et s'il est d'origine maternelle ou paternelle.**
    B. **VÉRIFIER si l'on peut l'incorporer dans l'ADN comme charge magnétique positive.**

Pour savoir comment tester un nombre, consultez l'Annexe II.

11. **VÉRIFIER si les endorphines sont rééquilibrées par ce programme.**

Les données seront automatiquement incluses dans la reprogrammation.

12. **VÉRIFIER si la personne traitée a accès à la charge positive installée par cette reprogrammation.**

13. **VÉRIFIER si la personne traitée peut dire oui à la charge négative correspondante. Doit-on savoir laquelle ? Si OUI, allez à l'Annexe IV pour identifier l'émotion négative.**

14. **VÉRIFIER si l'intégration de la force positive crée une déstabilisation de la force négative.**

15. **VÉRIFIER si la force négative ou positive va subir un choc électrique ou magnétique dans ce processus.**
    Si OUI,
    VÉRIFIER s'il faut installer dans le nouveau programme un code pour lui permettre de se repolariser au point zéro.
    Si OUI, VÉRIFIER s'il est nécessaire d'obtenir une adresse spécifique.
    Si NON, PASSER au numéro suivant.
    Si OUI, en COMMANDER l'installation sur le chromosome n° ____ (1 à 46...) **et le gène n°** ____ (1 à 5 000+), **avec** ____ **codons** (1 à 30 000+).

16. **VÉRIFIER si la personne traitée peut vivre en dehors de la dualité et intégrer les deux forces opposées sans avoir besoin de l'événement déclencheur.**

17. **VÉRIFIER si l'intégration de la force positive est au point zéro.**

Comme rien ne se perd et rien ne se crée, les charges positives que nous n'intégrons pas peuvent être utilisées par d'autres entités. Testez si cette charge doit être mise au point zéro et/ou dissoute.

18. **VÉRIFIER si la personne traitée donnait à une autre entité la charge magnétique positive générée par cette émotion.**
    Si OUI,
    A. VÉRIFIER quel pourcentage de cette énergie était ainsi donnée.
    B. VÉRIFIER s'il existait une alliance à ce sujet avec cette entité. Si OUI, la mettre au point zéro et/ou la dissoudre.

19. **VÉRIFIER si la personne traitée peut arriver à manifester des événements à 100 % sans avoir besoin d'un moment ou d'un événement heureux pour générer la force magnétique positive nécessaire.**

20. **VÉRIFIER si la personne traitée peut intégrer la nouvelle charge positive dans son quotidien.**

Nous pouvons avoir réglé une émotion, l'avoir intégrée dans le code génétique sans que le corps ne le sache.

21. **VÉRIFIER s'il faut installer un pont entre le corps physique et la charge magnétique positive.**

22. VÉRIFIER s'il faut mettre au point zéro et/ou dissoudre les miasmes qui sont entrés et/ou qui ont été activés par ce genre d'événements.

Ce programme existe dans l'ADN mais il est perdu.

23. VÉRIFIER si le code génétique de la personne contient le programme lui permettant de maintenir la polarité positive en présence de la polarité négative sans qu'elles se neutralisent.

24. VÉRIFIER si la charge positive peut exister dans la noirceur.

Il se peut qu'avant de pouvoir installer la reprogrammation, d'autres données doivent y être inscrites.

25. VÉRIFIER s'il est nécessaire d'intégrer d'autres données dans ce programme avant son installation.
Si OUI,
A. TESTER combien de données doivent être intégrées;
B. ALLER à l'Annexe III et SUIVRE les instructions pour tester quelles données doivent être intégrées;
C. REVENIR au protocole et PASSER à l'étape suivante.

Deuxième étape du protocole

2e étape – INSTALLATION DE LA REPROGRAMMATION

L'installation de la reprogrammation tient compte de toutes les données trouvées à la première étape.

1. **DIRE :** ***Je commande que ce nouveau programme s'installe dans le noyau de la cellule maîtresse de l'épiphyse dans toutes les vies et toutes les dimensions.***

À mesure que l'on dit la commande à voix haute, chaque élément énuméré est intégré dans la reprogrammation. Utilisez le ton de la prière ou de l'hypnose.

2. **DIRE :** ***Je commande que, de l'épiphyse, il se rende :***
   A. ***aux glandes endocrines;***
   B. ***au cerveau, au coeur, à la rate, au système nerveux et aux peptides;***
   C. ***aux cellules, au liquide intra et extracellulaire, au vide interstitiel, aux atomes et aux éléments quantiques (quarks, muons et cordelettes, etc.);***
   D. ***à toutes les hélices, à tous les chakras, à tous les corps énergétiques et à l'âme;***
   E. ***autre endroit*** (Annexe III).

Si vous devez savoir lequel, allez à la section 16 de l'Annexe III et trouvez l'endroit.

3. **DIRE :** ***Je commande à l'ARN de se reconnecter et de soutenir ce nouveau programme.***

Le plan originel de l'ADN est le schéma antérieur à toute mutation génétique.

4. **DIRE :** ***Je commande aux codons de se remettre dans l'ordre du programme originel parfait même s'il y a eu des inversions de code.***

5. **DIRE :** ***Je commande à la vitesse des photons et à la structure de la spirale de l'ADN de s'ajuster.***

6. **DIRE :** ***Je commande le renouvellement des liens dans le corps calleux, selon le plan originel.***

Pour une définition du télomère et de la télomérase, consultez l'Annexe I.

7. **DIRE :** ***Je commande l'intégrité parfaite du télomère et de la télomérase.***

La liste des systèmes se trouve à l'Annexe VII.

8. **DIRE :** ***Je commande que les déchets des vieux programmes soient mis au point zéro et/ou éliminés à travers les systèmes appropriés.***

9. **DIRE :** ***Je commande que ce nouveau programme soit parfaitement scellé.***

Pour la définition du Merkabah, consultez l'Annexe I.

10. **DIRE :** ***Je commande que le Merkabah soit parfaitement scellé.***

11. **DIRE :** ***Je commande qu'aucune radiation n'affecte l'ADN ou l'ARN.***

12. **DIRE :** ***Je commande que ce nouveau programme s'installe complètement, et jusqu'à nouvel ordre, dans le bulbe rachidien, ici et maintenant.***

13. **DIRE :** ***Je commande que cette reprogrammation soit parfaitement tolérée, parfaitement intégrée et au point zéro.***

POINT ESSENTIEL de la reprogrammation

14. **DIRE :** ***Je commande que la puissance, l'harmonie et la justesse de cette reprogrammation s'installent dans l'ADN et que ce nouveau programme s'active complètement.***

Troisième étape du protocole

3e étape – CONCLUSION DU PROTOCOLE

Il se peut que le programme, pour être codé convenablement, exige l'installation d'autres données.

15. VÉRIFIER s'il est nécessaire d'intégrer d'autres données à la reprogrammation pour qu'elle soit effective, tolérée et intégrée.
Si OUI,
A. TESTER combien de données doivent être intégrées;
B. ALLER à l'Annexe III et SUIVRE les instructions pour tester quelles données doivent être intégrées;
C. REVENIR au protocole et PASSER au numéro 16.

Ceci clôt le protocole.

16. DIRE : *Je commande que cette reprogrammation soit tolérée et intégrée, selon le plan originel, dans la fréquence de l'amour, même si les hélices ont été désactivées dans le passé.*

Ceci scelle la reprogrammation.

17. DIRE : *Je commande que cette régénération soit complète et scellée jusqu'à nouvel ordre de la part de... (nom de la personne traitée).*

Que nous utilisions le protocole n° 11 pour l'intégration de la polarité négative ou le protocole n° 12 pour l'intégration de la polarité positive, nous faisons un grand pas sur le chemin de notre évolution. Notre âme cherche à accumuler des expériences. C'est une des raisons de notre présence ici sur Terre. En intégrant dans notre code génétique les émotions de ces expériences, nous collaborons à l'accroissement de la richesse et du vécu de notre âme. La sagesse s'installera sans avoir besoin d'événements déclencheurs positifs ou négatifs.

Incorporer les charges magnétiques des expériences que nous avons vécues a également pour effet d'augmenter notre pouvoir magnétique, si bien que nos commandes, lorsque nous les émettrons, auront une force accrue. Prenons par exemple le cas d'une de mes étudiantes qui a choisi d'intégrer dans son ADN la charge magnétique « *on va s'en sortir.* » Cette femme est comptable et conseillère auprès d'entreprises. De par sa profession, elle est continuellement appelée à redresser des secteurs de l'industrie qui sont en état de crise. Elle ne finit un dossier que pour en aborder un autre et, partout où elle va, elle réussit à remettre sur pied les entreprises avec lesquelles elle travaille. Elle a tellement d'expériences positives de cette sorte qu'en insérant ce sentiment de réussite dans son code génétique, elle augmente sa charge magnétique positive et, par le fait même, son pouvoir magnétique quand elle veut manifester du succès dans un autre domaine.

Un nouveau *big bang* a été observé ces dernières années par les astronomes et il en serait né un nouvel univers. Certaines sources affirment que cet univers sera peuplé par des êtres qui sauront intégrer les polarités féminine et masculine, positive et négative, au point zéro. Or, pour intégrer ces deux forces, il faut les connaître. Ça, c'est le propre de l'humanité et nous sommes en train d'évoluer vers l'intégration de ces deux forces. Nul ne peut nier que les polarités négative et positive appartiennent à notre troisième dimension. Les experts en émotions vivent sur Terre. Connaissez-vous une seule personne qui n'ait expérimenté la morosité ou la tristesse, la joie et le bonheur ? Nous sommes capables de vibrer dans la dualité. Notre erreur est de croire que c'est une faiblesse plutôt qu'un don. C'est notre fuite de l'inconfort qui nous fait passer à côté de notre richesse. Puisque c'est ici, sur la planète Terre, que nous vivons et ressentons la charge négative, c'est donc à partir d'ici, dans notre univers, que nous allons créer en unissant les deux polarités.

Lorsque nous équilibrons les deux polarités en nous, nous sommes automatiquement dans la compassion et l'amour. Si nous parvenons à intégrer les charges positive et négative de notre vécu, nous allons automatiquement créer de façon équilibrée et harmonieuse. Parce que nous disposons déjà d'une vaste expérience du déséquilibre des polarités, je crois que nous sommes maintenant prêts à l'intégrer et à créer une nouvelle réalité avec l'état d'amour au point zéro, plutôt qu'avec l'énergie polarisée du positif ou du négatif.

Chapitre 5

COMMENT VIVRE AVEC NOS NOUVEAUX PROGRAMMES ?

Maintenant que la partie de nous qui sommeillait est réveillée et qu'elle assume la reprogrammation de ses codes génétiques, nous allons installer tout au long de notre vie de nouveaux programmes contribuant à notre souveraineté, notre liberté, notre bonheur, notre santé, notre sécurité et notre abondance. Dans ce chapitre, nous aborderons de nouvelles possibilités auxquelles nos nouveaux programmes nous donnent accès.

PROTOCOLE N° 13

Vivre au moment présent

Pour pouvoir mieux vivre avec le changement de fréquence inhérent à ces reprogrammations, on doit pouvoir garder son attention sur le moment présent.

Lorsqu'il a été question des programmations par défaut au Chapitre II, il y a un aspect qui n'a pas été abordé. Il s'agit du « transfert de l'intention par défaut », aussi appelé « transe ». La notion de transfert fait référence au transfert d'une situation passée sur notre réalité actuelle qui est alors biaisée et faussée par ce passé transféré au présent. C'est comme si nous étions dans une transe qui nous ramène à l'âge de 5, 10 ou 12 ans, par exemple, alors que nous en avons 30, 45, 50 ou plus. Toutes nos réactions, tout notre ressenti appartiennent au passé et non à notre réalité actuelle. J'ai souvent remarqué que lorsqu'on ne se sent pas bien c'est souvent à propos d'une chose qui justement ne fait pas partie du moment présent. Ce peut être une charge qui appartient à notre enfance ou un plan pour le futur qui semble nous couler entre les doigts.

La première fois que j'ai pris conscience du phénomène de « transfert de l'intention inconsciente de l'enfance » ou « transe », j'ai prié pour être en mesure de le reconnaître lorsque j'étais prise dans un programme du passé qui se reproduisait de façon inconsciente pour pouvoir y mettre fin. En fait, il y a toutes sortes de petits signes qui m'indiquent que je ne suis pas au présent mais dans l'enfance et dont j'ai pris conscience avec le temps : le sentiment d'étroitesse et d'impuissance, le ton de la voix, la posture, l'amplitude respiratoire, le doute interne, etc. Ce sont tous des éléments qui m'ont permis de prendre conscience de la nécessité de mettre en place un processus pour arrêter le transfert et mettre fin à la transe parce qu'elle nous sort du présent.

Nos programmations par défaut peuvent également nous amener dans le futur. Par exemple, je pourrais m'inquiéter de mes fleurs pour l'automne alors que je ne me situe qu'à la fin du printemps. Les lys ont à peine commencé à pousser que je suis déjà dans la peur de ne pas réussir au mois de septembre ! Mais qu'est-ce qui fait donc qu'on se retrouve dans le futur plutôt qu'au présent ? Une surcharge due à une programmation par défaut suffisamment intense pour nous dissocier, nous faire sortir de notre corps (rappelez-vous que nous avons appris comment le faire durant l'enfance). Cette programmation par défaut peut être de nature émotive, mentale, physique ou spirituelle mais l'important, c'est, qu'en sortant du corps, nous perdons du pouvoir parce que nous perdons notre connexion avec notre énergie vitale et que pour cette raison l'énergie ne peut pas circuler à plein rendement.

Il existe toutefois une autre force, dont nous n'avons pas encore parlé, qui tend à nous sortir du moment présent et, ce faisant, à nous faire perdre nos moyens et nos énergies. Le moment est venu d'aborder ce sujet.

Selon certains auteurs, il y aurait eu, au début de la création, une force qui ne voulait pas aller de l'avant et s'incarner – on l'appelle la « force régressive anticréation » et elle s'oppose au mouvement de la création. Ce mouvement « anticréation » ne peut pas nous forcer à lui donner notre force vitale, car la Loi du libre arbitre l'en empêche. Mais il se peut qu'à certains moments de notre existence, le mal de vivre nous amène à ne plus vouloir participer au mouvement créateur et nous entraîne graduellement dans les fréquences de la force régressive anticréation. Si nous nous laissons aller et abandonnons ainsi notre énergie vitale de notre plein gré, la force régressive anticréation s'en empare. Pour pouvoir être complètement dans le présent et participer à la création, nous devons nous réapproprier cette partie de nous. C'est pourquoi le protocole n° 13, dont l'objet est de nous aider à rester complètement au présent, au point zéro, inclut une instruction à cet égard.

Sans plus attendre, je vous invite donc à prendre connaissance du protocole n° 13.

PROTOCOLE DE REPROGRAMMATION N° 13

Programme pour être complètement dans le présent au point zéro

Première étape du protocole

Sert à identifier l'objet du protocole ainsi que les données à inclure dans la reprogrammation.

1re étape – PRÉPARATION

Avant de commencer à tester, émettre l'intention à voix haute : ***Je choisis d'être au point zéro même si je ne sais pas comment.*** Utiliser la kinésiologie (ou autre outil de test) pour trouver les réponses. Les données ainsi obtenues seront automatiquement prises en compte par l'intelligence innée du corps et la conscience du code génétique, en fonction de l'intention.

Pour trouver la situation, posez des questions à la personne ou, dans le doute, testez dans l'Annexe III.

1. **VÉRIFIER si la personne traitée peut être complètement dans le présent au point zéro**
   A. en général, OU
   B. à propos d'une situation particulière à inscrire dans cette session.
   Si OUI,
   VÉRIFIER de quelle situation spécifique il s'agit.

Pour vérifier si une personne peut affirmer quelque chose, lui faire dire la phrase à voix haute (ex : « C'est normal pour moi d'être au point zéro. ») et testez pendant qu'elle parle.

2. **VÉRIFIER si la personne traitée peut affirmer qu'il est normal d'être au présent au point zéro en général ou à propos de cette situation.**

Toutes sortes de raisons peuvent expliquer qu'on obtienne un NON ici. On n'a pas à chercher pourquoi. Il faut simplement respecter ce fait.

3. **VÉRIFIER s'il est approprié pour l'évolution de la personne traitée d'installer maintenant un programme dans l'ADN pour être complètement au présent au point zéro.**
   Si NON,
   A. NE PAS effectuer cette reprogrammation.
   B. VÉRIFIER combien de temps (jours, semaines, mois) **on doit laisser passer avant de vérifier à nouveau si l'on peut effectuer cette reprogrammation.**

Si OUI,

Il se peut que le programme soit installé dans l'ADN superflu et n'ait pas d'adresse spécifique.

VÉRIFIER s'il est nécessaire d'obtenir une adresse spécifique.
Si NON, PASSER au numéro suivant.
Si OUI,

- **A. VÉRIFIER dans quel chromosome** (1 à 46…), **quel gène** (1 à 5 000+) **on doit installer le nouveau programme et**
- **B. VÉRIFIER combien de codons** (1 à 30 000+) **comporte ce programme.**

Le plan originel de l'ADN est le schéma antérieur à toute mutation génétique. Si cette information y est toujours latente, elle sera automatiquement incluse dans la reprogrammation.

4. **VÉRIFIER si le programme pour être complètement dans le présent au point zéro existait déjà dans le plan originel de l'ADN.**
   Si OUI,
   - **A. VÉRIFIER si on peut le reproduire ici.**
   - **B. VÉRIFIER si l'on doit installer un pont.**

Il s'agit d'un thème ou d'un autre programme qui pourrait neutraliser celui que nous sommes en train d'installer.

5. **VÉRIFIER s'il y a un programme et/ou un thème nuisible en résonance (écho) et/ou en dualité (polarité) qui pourrait interférer avec le nouveau programme.**
   TESTER chaque mot de la phrase précédente.

Les mémoires des anciens programmes pourraient interférer avec le nouveau programme.

6. **VÉRIFIER si des mémoires liées à un ou plusieurs ancien(s) programme(s) pourraient empêcher d'être complètement dans le présent au point zéro.**
   Si OUI, VÉRIFIER combien de mémoires sont en cause.

Cette donnée sera incluse automatiquement dans la reprogrammation.

7. **VÉRIFIER si la personne traitée peut mettre le passé, le futur et/ou le non-temps au point zéro.**

Toujours tester chaque mot lorsqu'on vérifie.

8. **VÉRIFIER si une partie de la personne est dans le passé, le futur et/ou le non-temps.**
   Si OUI,

Pour savoir comment tester un nombre, consultez l'Annexe II. Il peut y avoir des centaines, parfois des milliers, de fragments.

A. VÉRIFIER combien de fragments sont impliqués OU quel pourcentage de la personne est dans le passé, le futur et/ou le non-temps.
B. VÉRIFIER s'il est approprié pour l'évolution de la personne traitée de ramener ces fragments dans le présent au point zéro et de les ancrer dans l'ADN superflu.

Demandez à la personne de le dire à voix haute et testez pendant qu'elle parle.

9. VÉRIFIER si la personne peut affirmer qu'elle choisit d'être complètement dans le présent avec toutes ses hélices.

Pour savoir comment tester un nombre, consultez l'Annexe II.

10. A. VÉRIFIER quel pourcentage du karma de la personne reste lié au passé, au futur et/ou le non-temps.
B. VÉRIFIER s'il faut le mettre au point zéro et/ou le dissoudre.

11. VÉRIFIER si la personne sait qu'elle peut laisser aller le passé, le futur et/ou le non-temps et être au présent, tout en étant aimée.

Au début de l'Annexe III, on explique comment tester pour trouver des données.

12. VÉRIFIER si un blocage empêche la personne d'être au présent dans la nouvelle fréquence avec toutes ses hélices.

Cette donnée sera automatiquement incluse dans la reprogrammation.

13. VÉRIFIER si la personne est prise dans le non-temps et/ou le non-espace.

Une partie de nous peut s'être fragmentée et être ancrée ailleurs, soit par exemple dans la force anti-régression ou dans une autre dimension qui n'est pas gérée par le temps linéaire.

14. VÉRIFIER si ses racines sont complètement dans le présent et dans le bon espace.

15. VÉRIFIER si ses émotions ou ses attentes (émotionnelles ou mentales) sont dans le présent, le passé, le futur et/ou le non-temps.

16. VÉRIFIER si ses intentions, quand elle les formule, sont dans le présent, le passé, le futur et/ou le non-temps.

17. VÉRIFIER s'il existe un pattern familial qui retient la personne dans le passé, le futur et/ou le non-temps.
Si OUI,
- **A. VÉRIFIER à combien de générations il remonte et s'il est d'origine maternelle ou paternelle.**
- **B. VÉRIFIER si on doit le mettre au point zéro ou le dissoudre.**

Il peut s'agir de mariage, de voeux de fidélité, de voeux religieux, etc.

18. VÉRIFIER s'il y a des alliances ou des vœux qui maintiennent la personne dans le passé, le futur et/ou le non-temps.
Si OUI, VÉRIFIER s'il faut les mettre au point zéro et/ou les dissoudre.

Testez chaque mot. Formations, initiations, travail énergétique, etc., peuvent être appropriés au moment où ils sont faits mais être source de déséquilibre dans le présent.

19. VÉRIFIER si un cours, une formation, une initiation (chamanique ou autre), une forme de méditation, une thérapie énergétique, une lecture et/ou une autre activité ou intervention de cette nature, dans le passé, le présent, le futur et/ou le non-temps
- **A. maintient la personne dans le passé ou la projette dans le futur et/ou le non-temps;**
- **B. crée un déséquilibre.**
  Si OUI,
  VÉRIFIER s'il faut la mettre au point zéro et/ou la dissoudre.

Ces données seront automatiquement incluses dans la reprogrammation.

20. A. VÉRIFIER si les hélices, les chakras, les corps énergétiques et l'âme de la personne sont complètement dans le présent.

B. VÉRIFIER si une autre partie ou élément de la personne n'est pas complètement dans le présent.

21. VÉRIFIER s'il existe une rivalité
- **A. entre la fréquence du présent et celle du passé;**
- **B. entre la fréquence du présent et celle du futur;**
- **C. entre la fréquence du présent et celle du non-temps.**

Si OUI,
VÉRIFIER si elle retient la personne dans le passé, le futur et/ou le non-temps.

22. VÉRIFIER si un programme et/ou un concept fautif, dans le passé, le présent, le futur et/ou le non-temps, empêche la personne d'être complètement au présent.

Chaque fois qu'on utilise ou met en action une force de création qui n'est pas au point zéro, cela peut générer sa polarité opposée, c'est-à-dire la « force régressive anticréation ». Pour pouvoir être complètement dans le présent, nous devons nous réapproprier cette partie de nous.

23. A. VÉRIFIER si une partie de l'énergie vitale de la personne a été cédée à la force régressive anticréation.
Si OUI,
a) VÉRIFIER à quel pourcentage.
b) VÉRIFIER si on peut la récupérer à 100 % ou à quel pourcentage elle peut être récupérée en ce moment.
B. VÉRIFIER s'il y a un ancrage dans la force régressive anticréation.
Si OUI, VÉRIFIER s'il faut le mettre au point zéro et/ou le dissoudre.
C. VÉRIFIER si la personne a besoin d'un pont et/ou d'un lien pour sortir de la force régressive anticréation.

Il se peut qu'avant de pouvoir installer le programme, d'autres données doivent y être inscrites.

24. VÉRIFIER s'il est nécessaire d'intégrer d'autres données dans ce programme avant son installation.
Si OUI,
A. TESTER combien de données doivent être intégrées;
B. ALLER à l'Annexe III et SUIVRE les instructions pour tester quelles données doivent être intégrées;
C. REVENIR au protocole et PASSER à l'étape suivante.

Deuxième étape du protocole
L'installation de la reprogrammation tient compte de toutes les données trouvées à la première étape.

2e étape – INSTALLATION DE LA REPROGRAMMATION

1. DIRE : ***Je commande que ce nouveau programme s'installe dans le noyau de la cellule maîtresse de l'épiphyse dans toutes les vies et toutes les dimensions.***

À mesure que l'on dit la commande à voix haute, chaque élément énuméré est intégré dans la reprogrammation. Utilisez le ton de la prière ou de l'hypnose.

2. DIRE : ***Je commande que, de l'épiphyse, il se rende :***
A. ***aux glandes endocrines;***
B. ***au cerveau, au coeur, à la rate, au système nerveux et aux peptides;***
C. ***aux cellules, au liquide intra et extracellulaire, au vide interstitiel, aux atomes et aux éléments quantiques (quarks, muons et cordelettes, etc.);***
D. ***à toutes les hélices, à tous les chakras, à tous les corps énergétiques et à l'âme;***
E. ***autre endroit*** (Annexe III).

Si vous devez savoir lequel, allez à la section 16 de l'Annexe III et trouvez l'endroit.

3. **DIRE : *Je commande à l'ARN de se reconnecter et de soutenir ce nouveau programme.***

Le plan originel de l'ADN est le schéma antérieur à toute mutation génétique.

4. **DIRE : *Je commande aux codons de se remettre dans l'ordre du programme originel parfait même s'il y a eu des inversions de code.***

5. **DIRE : *Je commande à la vitesse des photons et à la structure de la spirale de l'ADN de s'ajuster.***

6. **DIRE : *Je commande le renouvellement des liens dans le corps calleux, selon le plan originel.***

Pour une définition du télomère et de la télomérase, consultez l'Annexe I.

7. **DIRE : *Je commande l'intégrité parfaite du télomère et de la télomérase.***

La liste des systèmes se trouve à l'Annexe VII.

8. **DIRE : *Je commande que les déchets des vieux programmes soient mis au point zéro et/ou éliminés à travers les systèmes appropriés.***

9. **DIRE : *Je commande que ce nouveau programme soit parfaitement scellé.***

Pour la définition du Merkabah, consultez l'Annexe I.

10. **DIRE : *Je commande que le Merkabah soit parfaitement scellé.***

11. **DIRE : *Je commande qu'aucune radiation n'affecte l'ADN ou l'ARN.***

12. **DIRE : *Je commande que ce nouveau programme s'installe complètement, et jusqu'à nouvel ordre, dans le bulbe rachidien, ici et maintenant.***

13. **DIRE : *Je commande que cette reprogrammation soit parfaitement tolérée, parfaitement intégrée et au point zéro.***

POINT ESSENTIEL de la reprogrammation

14. **DIRE : *Je commande que la puissance, l'harmonie et la justesse de cette reprogrammation s'installent dans l'ADN et que ce nouveau programme s'active complètement.***

Troisième étape du protocole

3e étape – CONCLUSION DU PROTOCOLE

Il se peut que le programme, pour être codé convenablement, exige l'installation d'autres données.

15. VÉRIFIER s'il est nécessaire d'intégrer d'autres données à la reprogrammation pour qu'elle soit effective, tolérée et intégrée.
Si OUI,
A. TESTER combien de données doivent être intégrées;
B. ALLER à l'Annexe III et SUIVRE les instructions pour tester quelles données doivent être intégrées;
C. REVENIR au protocole et PASSER au numéro 16.

Ceci clôt le protocole.

16. DIRE : *Je commande que cette reprogrammation soit tolérée et intégrée, selon le plan originel, dans la fréquence de l'amour, même si les hélices ont été désactivées dans le passé.*

Ceci scelle la reprogrammation.

17. DIRE : *Je commande que cette régénération soit complète et scellée jusqu'à nouvel ordre de la part de... (nom de la personne traitée).*

PROTOCOLE N° 14

Les treize alliés en nous

Je me suis toujours sentie rassurée de lire ou d'entendre dire que je n'étais pas seule et que j'étais guidée... car je n'ai jamais vu mes alliés et j'ignorais leur nom sauf lorsqu'une tierce personne me fournissait cette information. Je savais, par contre, qu'il y avait de la synchronicité dans ma vie et il m'a toujours semblé que mon chemin de vie, même s'il fut fort difficile par moments, suivait un ordre établi. Était-ce ma passion, mon courage ou mes alliés qui me donnaient toujours la force dont j'avais besoin ? Je n'aurais su le dire.

À un certain moment, avant de commencer à travailler avec l'ADN, j'ai décidé que, puisque je n'entendais pas clairement mes alliés, j'allais prendre le dossier en main et cocréer avec Dieu / Déesse à l'intérieur de moi ce dont j'avais besoin. En d'autres mots, j'ai arrêté d'attendre que des alliés viennent me sauver et me dire quoi faire pour ma santé, par exemple, ou quelle action initier. Ce faisant, je venais de briser le cycle de la pensée magique spirituelle. Je venais de choisir, sans m'en rendre compte, de cocréer ce dont j'avais besoin et de devenir souveraine de mon ADN.

Après avoir commencé à travailler avec l'ADN, ma petite voix intérieure s'est fait entendre de plus en plus clairement mais c'est plus tard, après avoir activé mes 13 hélices que, oh surprise, j'ai contacté mes alliés ! Ils se sont présentés comme des alliés vibratoires liés aux 13 hélices en moi. Et si vous croyez que j'ai eu cette révélation lors d'une méditation profonde dans un centre zen au bord de la mer, détrompez-vous... C'était plutôt en mangeant une pizza avec deux de mes meilleurs compagnons. À un certain moment, tous les trois en même temps avons pris conscience du fait que chacune de nos hélices était en correspondance avec un allié à l'intérieur de nous !

Ainsi, non seulement les hélices sont en correspondance avec nos chakras, mais aussi avec des alliés, des cocréateurs, des émissaires et des relais intergalactiques. Depuis ce moment, je n'ai plus besoin de prier, de chercher où sont mes alliés personnels, ma tribu ou ma place dans l'univers, ni avec qui établir un contact dans l'univers – la réponse vibre au cœur de chacune de mes cellules, dans les spirales de mon ADN.

Lorsque nous n'avons que deux hélices et que la vie n'est qu'une série d'événements soumis aux polarisations de la dualité, nous sommes constamment tiraillés entre, d'un côté, un ange gardien et de l'autre un petit diable. Une fois que nous avons repris en main notre code génétique, car nous avons choisi de vivre en dehors de la dualité polarisée, il nous faut faire un remaniement ministériel de nos anges gardiens, puisqu'il n'est plus question de guides de Lumière qui nous protègent contre des guides de la Noirceur qui nous effraient. Ce remaniement ministériel revient, ni plus ni moins, à choisir de vivre avec 13 alliés au point zéro qui cocréent avec nous. À cette fin, je me permets de vous présenter mes 13 alliés dans le tableau suivant.

Comme vous pourrez le constater, ces 13 alliés ne sont pas polarisés. Parce qu'ils sont constamment reliés à l'état d'amour au point zéro, où se rejoignent la Lumière et la Noirceur, et parce qu'ils sont liés à nos 13 hélices, notre puissance et notre capacité à cocréer avec eux une réalité non linéaire ne saurait faire aucun doute. Nous sommes bel et bien constitués pour vivre dans la fréquence de l'amour, là où les polarités s'unissent. Encore faut-il que soit installé dans notre ADN le code approprié pour nous permettre de contacter ces 13 alliés.

En rebranchant nos 13 hélices, nous avons pu contacter l'infiniment grand grâce à cet infiniment petit qu'est l'ADN à l'intérieur de nous. Le protocole qui suit installe dans notre ADN un code qui nous permet de contacter nos alliés facilement et aisément, directement à l'intérieur de nous (plutôt qu'à l'extérieur de nous dans un ciel ou un univers lointain). Une fois cela fait, tout se passe comme si nous avions dans nos cellules des « adresses » (une pour chaque allié) grâce auxquelles il est très facile de se brancher et de communiquer avec eux. Une fois que vous aurez effectué le protocole qui suit, je vous invite à contacter un de vos alliés (testez s'il est là) et à lui demander d'entrer en fonction lorsque vous souhaiterez manifester une intention. Vous m'en donnerez des nouvelles !

J'ai acquis l'intime conviction que les alliés peuvent varier d'une personne à une autre parce qu'ils vibrent à la fréquence individuelle de l'Essence de chaque personne.

En partant de la définition donnée à la page suivante, n'hésitez pas à vous fier à votre propre expérience.

TABLEAU DES 13 ALLIÉS

Allié de l'hélice 1	L'allié de la première hélice est en contact avec la planète Terre. Il comprend le changement des saisons ainsi que nos besoins naturels et intrinsèques. C'est lui qui peut nous aider pour ce qui concerne notre santé physique et, ce qui est important pour certaines personnes, notre santé nerveuse.
Allié de l'hélice 2	L'allié de la deuxième hélice est un aventurier créateur. Il est innovateur, passionné et brillant. C'est notre Einstein personnel chevauchant un cheval pur-sang.
Allié de l'hélice 3	L'allié de la troisième hélice ressemble à un cours d'eau. Toujours en mouvement, il aide à rester fluide dans les conflits émotifs. C'est cet allié qui peut nous assister dans la résolution de conflits et l'établissement de frontières saines.
Allié de l'hélice 4	Sur la quatrième hélice se trouve un ambassadeur directement lié au cœur de la création. C'est là que l'on peut puiser la détermination d'installer l'état d'amour au point zéro dans tout ce que l'on entreprend.
Allié de l'hélice 5	Sur la cinquième hélice, on trouve des sons et des formes géométriques. C'est l'allié de l'accès aux codes géométriques. C'est de là que proviennent les protocoles d'ingénierie de l'ADN publiés dans ce livre.
Allié de l'hélice 6	L'allié de la sixième hélice annonce le nouveau paradigme, la nouvelle vision de l'Ascension. Imaginons le Christ ascendant sur son nuage.
Allié de l'hélice 7	L'allié de la septième hélice est une source de paix. La meilleure image que l'on puisse en faire est celle d'une douce petite neige tombant paisiblement dans le silence de la campagne, au cœur de la forêt, où l'on n'entend que des mésanges. Au cœur de ce silence s'élèvent de grands conifères. Ici, l'allié s'exprime sous forme d'un sentiment de paix.
Allié de l'hélice 8	L'allié de la huitième hélice est comme une sphère d'énergie ou mieux, comme une enveloppe ou un vaisseau (Merkabah) d'énergie. Cette enveloppe nous relie aux différents coins de la planète, malgré les différences de fuseaux horaires et de saisons. C'est grâce à ce vaisseau que l'on peut se sentir relié à toute la race humaine.
Allié de l'hélice 9	L'allié de la neuvième hélice lève le voile sur les autres mondes. Il ressemble même à un pont multicolore. C'est grâce à lui que l'on peut sentir la connexion avec notre âme centrale et toutes ses manifestations à travers les univers. C'est notre code d'accès à tout ce qui est nous-même et qui n'est pas sur la Terre.
Allié de l'hélice 10	L'allié de la dixième hélice est notre ambassadeur personnel dans les mondes intergalactiques qui sont affectés à la préservation de la Terre.
Allié de l'hélice 11	L'allié de la onzième hélice est celui qui permet d'accéder au point zéro. En situation conflictuelle, on fait appel à cet allié. Il devient alors un tourbillon, allant dans toutes les directions et il place la situation à l'état zéro. Dans cet état, il n'est pas situé entre la gauche ou la droite, ni entre le haut et le bas. Il devient littéralement un point d'énergie suivant toutes sortes de courbes sinueuses pour enfin s'arrêter à un point précis et centré. La situation est alors au point zéro et le conflit est réglé. La trajectoire du point et son parcours pour parvenir au point zéro sont imprévisibles et différents à chaque fois. Le point zéro n'est donc pas un point au milieu d'une sphère. C'est un point au hasard de l'énergie. C'est pourquoi le point zéro ne peut se définir comme étant au centre de la dualité. La onzième hélice est liée à toutes ces dimensions et comprend ces positions, cette perspective multidirectionnelle et multidimensionelle.
Allié de l'hélice 12	« L'allié » de la douzième hélice est comme une prière au Pouvoir Créateur et ressemble peut-être à deux mains en prière. Ce n'est pas tant un allié que le secret d'une relation intime et personnelle entre notre âme et la Source de la création. On ne dérange pas la Source de la création pour qu'elle nous aide à surmonter une grippe, mais on y fait appel dans les moments de profonde révérence.
Allié de l'hélice 13	L'allié de la treizième hélice est une enveloppe foncée, noire, comme un cocon qui nous enveloppe dans le noir, mais un noir confortable, sécuritaire, comparable à celui de la vie intra-utérine. C'est lui qui nous amène dans le monde des Ombres.

PROTOCOLE DE REPROGRAMMATION N° 14

Programme pour établir la reconnexion dans l'ADN avec les alliés des 13 hélices

Première étape du protocole

Sert à identifier l'objet du protocole ainsi que les données à inclure dans la reprogrammation.

1re étape – PRÉPARATION

Avant de commencer à tester, émettre l'intention à voix haute : ***Je choisis d'être au point zéro même si je ne sais pas comment.*** Utiliser la kinésiologie (ou autre outil de test) pour trouver les réponses. Les données ainsi obtenues seront automatiquement prises en compte par l'intelligence innée du corps et la conscience du code génétique, en fonction de l'intention.

Pour savoir comment tester un nombre, consultez l'Annexe II.

1. A. Vérifier avec combien d'allié(s) on doit établir la reconnexion

a) en général, OU

b) à propos d'une situation particulière à inscrire dans cette session.
Si OUI, VÉRIFIER de quelle situation spécifique il s'agit.

B. VÉRIFIER lequel ou lesquels (1 à 13).

Il se peut qu'il ne soit pas nécessaire d'installer un programme spécifique pour certains alliés. Pour savoir comment tester un nombre, consultez l'Annexe II.

Il se peut que le programme soit installé dans l'ADN superflu et n'ait pas d'adresse spécifique.

2. Pour chaque allié avec lequel on établit la reconnexion, VÉRIFIER s'il est approprié pour l'évolution de la personne traitée d'installer maintenant dans l'ADN un programme en rapport avec cette reconnexion

SI NON,

A. NE PAS effectuer cette reprogrammation

B. VÉRIFIER combien de temps (jours, semaines, mois) **on doit laisser passer avant de vérifier à nouveau si l'on peut effectuer cette reprogrammation.**

Si OUI,

VÉRIFIER s'il est nécessaire d'obtenir une adresse spécifique.

Si NON, PASSER au numéro suivant.

Si OUI,

A. VÉRIFIER dans quel chromosome (1 à 46…), **quel gène** (1 à 5 000+) **on doit installer le nouveau programme et**

B. VÉRIFIER combien de codons (1 à 30 000+) **comporte ce programme.**

3. **VÉRIFIER si cet ou ces allié(s) n°(s)____ communique(nt) avec tous les corps énergétiques et tous les chakras.**

Effectuez les nos 4 et 5 pour chacun des alliés avec lesquels on établit la reconnexion. Testez chaque mot de la description et inclure dans la reprogrammation ceux pour lesquels on obtient un OUI.

4. **VÉRIFIER la description de cet ou ces allié(s) n°(s) ____** (Voir le tableau des 13 alliés à la page 178).

Vérifiez chaque point pour chaque allié avec lequel on établit la reconnexion.

S'il faut inclure une autre intention, consultez l'Annexe V.

5. **VÉRIFIER s'il faut installer un programme pour mieux :**
   A. être en contact cet ou ces allié(s) n°(s) ____
   B. entendre cet ou ces allié(s) n°(s) ____
   C. communiquer avec cet ou ces allié(s) n°(s) ____
   D. comprendre cet ou ces allié(s) n°(s) ____
   E. autre(s) intention(s) avec cet ou ces allié(s) n°(s) ____

Avec ce nouveau programme, la personne terminera une longue période d'isolement et de séparation.

6. **VÉRIFIER si la personne traitée peut vivre en dehors de l'isolement et de la séparation en ayant cet ou ces allié(s) à l'intérieur de son code génétique.**

Cette donnée sera automatiquement incluse dans la reprogrammation.

7. **VÉRIFIER si la personne traitée est attachée à l'isolement et à la séparation.**

8. **VÉRIFIER si la personne traitée peut appliquer l'information reçue de cet ou ces allié(s) dans son quotidien.**

Ces données seront automatiquement incluses dans la reprogrammation

9. VÉRIFIER si la personne traitée peut communiquer avec cet ou ces allié(s) n°(s) ____ et en être consciente ou le ressentir.

10. VÉRIFIER si la personne traitée peut se sentir soutenue par cet ou ces allié(s) n°(s) ____.

11. VÉRIFIER si la personne traitée peut co-créer avec cet ou ces allié(s) n°(s) ____.

12. VÉRIFIER s'il faut mettre au point zéro et/ou dissoudre la mémoire de sa séparation d'avec cet ou ces allié(s) n°(s) ____ dans toutes les incarnations passées, présentes et/ou futures et dans toutes les dimensions.

13. VÉRIFIER s'il faut mettre au point zéro et/ou dissoudre le sentiment d'être perdu dans l'univers qui a été suscité par la séparation d'avec cet ou ces allié(s) n°(s) ____ .

14. VÉRIFIER s'il y a des miasmes et/ou des interférences transgénérationnelles à mettre au point zéro et/ou à dissoudre.

Pour savoir comment testez un nombre, consultez l'Annexe II.

15. A. VÉRIFIER combien de fragments se sont séparés de la personne à cause de l'isolement et de la séparation OU le pourcentage qui s'est fragmenté pour cette raison.
B. VÉRIFIER s'il est approprié de ramener ces fragments dans le présent au point zéro et de les ancrer dans l'ADN ou de les diriger vers l'Âme centrale.

16. Pour chaque allié avec lequel on établit la reconnexion, VÉRIFIER si le code génétique de la personne contient le programme lui permettant de maintenir le contact avec cet allié.

Le plan originel de l'ADN est le schéma antérieur à toute mutation génétique. Si cette information y est toujours latente, elle sera automatiquement incluse dans la reprogrammation.

17. VÉRIFIER si l'un ou plusieurs des nouveaux programmes installés dans ce protocole existaient déjà dans le plan originel de l'ADN.
Si OUI,
A. VÉRIFIER si on peut le(s) reproduire ici.
B. VÉRIFIER si l'on doit installer un pont.

Il s'agit d'un thème ou d'un autre programme qui pourrait neutraliser celui que nous sommes en train d'installer.

18. VÉRIFIER s'il y a un programme et/ou un thème nuisible en résonance (écho) et/ou en dualité (polarité) qui pourrait interférer avec le nouveau programme.
TESTER chaque mot de la phrase précédente.

Les mémoires des anciens programmes pourraient interférer avec le nouveau programme.

19. VÉRIFIER s'il y a des mémoires liées à la séparation et à l'isolement.
Si OUI, combien y a-t-il de mémoires ?

Testez pour chaque allié avec lequel on établit la reconnexion.

20. VÉRIFIER si la personne peut vivre en dehors de la dualité et intégrer la réalité d'avoir cet ou ces allié(s) n°(s) ____ à l'intérieur d'elle-même, dans son code génétique, plutôt qu'en dehors.

Testez pour chaque allié avec lequel on établit la reconnexion.

21. VÉRIFIER si l'intégration de cet ou ces allié(s) n°(s) ____ à l'intérieur du code génétique crée une déstabilisation.

22. VÉRIFIER si la personne était en relation avec d'autres alliés à l'extérieur d'elle-même.
Si OUI,
VÉRIFIER s'il y avait une alliance.
Si OUI,
VÉRIFIER si l'on peut la mettre au point zéro et/ou la dissoudre.

Cette donnée sera automatiquement incluse dans la reprogrammation.

23. VÉRIFIER si ce changement d'allié(s) crée une déstabilisation au niveau de l'âme et/ou une distorsion au niveau des corps énergétiques.

24. VÉRIFIER si la personne peut intégrer la reconnexion avec cet ou ces allié(s) n°(s) ____ dans son quotidien.

Il se peut qu'avant de pouvoir installer la reprogrammation, d'autres données doivent y être inscrites.

25. VÉRIFIER s'il est nécessaire d'intégrer d'autres données dans ce programme avant son installation.
Si OUI,
A. TESTER combien de données doivent être intégrées;
B. ALLER à l'Annexe III et SUIVRE les instructions pour tester quelles données doivent être intégrées;
C. REVENIR au protocole et PASSER à l'étape suivante.

Deuxième étape du protocole

2e étape – INSTALLATION DE LA REPROGRAMMATION

L'installation de la reprogrammation tient compte de toutes les données trouvées à la première étape.

1. **DIRE :** ***Je commande que ce(s) nouveau(x) programme(s) s'installe(nt) dans le noyau de la cellule maîtresse de l'épiphyse dans toutes les vies et toutes les dimensions.***

À mesure que l'on dit la commande à voix haute, chaque élément énuméré est intégré dans la reprogrammation. Utilisez le ton de la prière ou de l'hypnose.

Si vous devez savoir lequel, allez à la section 16 de l'Annexe III et trouvez l'endroit.

2. **DIRE :** ***Je commande que, de l'épiphyse, il(s) se rende(nt) :***
   A. ***aux glandes endocrines;***
   B. ***au cerveau, au coeur, à la rate, au système nerveux et aux peptides;***
   C. ***aux cellules, au liquide intra et extracellulaire, au vide interstitiel, aux atomes et aux éléments quantiques (quarks, muons et cordelettes, etc.);***
   D. ***à toutes les hélices, à tous les chakras, à tous les corps énergétiques et à l'âme;***
   E. ***autre endroit*** (Annexe III).

3. **DIRE :** ***Je commande à l'ARN de se reconnecter et de soutenir ce(s) nouveau(x) programme(s).***

Le plan originel de l'ADN est le schéma antérieur à toute mutation génétique.

4. **DIRE :** ***Je commande aux codons de se remettre dans l'ordre du programme originel parfait même s'il y a eu des inversions de code.***

5. **DIRE :** ***Je commande à la vitesse des photons et à la structure de la spirale de l'ADN de s'ajuster.***

6. **DIRE :** ***Je commande le renouvellement des liens dans le corps calleux, selon le plan originel.***

Pour une définition du télomère et de la télomérase, consultez l'Annexe I.

7. **DIRE :** ***Je commande l'intégrité parfaite du télomère et de la télomérase.***

La liste des systèmes se trouve à l'Annexe VII.

8. **DIRE :** ***Je commande que les déchets des vieux programmes soient mis au point zéro et/ou éliminés à travers les systèmes appropriés.***

9. **DIRE :** ***Je commande que ce nouveau programme soit parfaitement scellé.***

Pour la définition du Merkabah, consultez l'Annexe I.

10. **DIRE :** ***Je commande que le Merkabah soit parfaitement scellé.***

11. **DIRE :** ***Je commande qu'aucune radiation n'affecte l'ADN ou l'ARN.***

12. **DIRE :** ***Je commande que ce(s) nouveau(x) programme(s) s'installe(nt) complètement, et jusqu'à nouvel ordre, dans le bulbe rachidien, ici et maintenant.***

13. **DIRE :** ***Je commande que cette reprogrammation soit parfaitement tolérée, parfaitement intégrée et au point zéro.***

POINT ESSENTIEL de la reprogrammation

14. **DIRE :** ***Je commande que la puissance, l'harmonie et la justesse de cette reprogrammation s'installent dans l'ADN et que ce(s) nouveau(x) programme(s) s'active(nt) complètement.***

Troisième étape du protocole

3e étape – CONCLUSION DU PROTOCOLE

Il se peut que le programme, pour être codé convenablement, exige l'installation d'autres données.

15. VÉRIFIER s'il est nécessaire d'intégrer d'autres données à la reprogrammation pour qu'elle soit effective, tolérée et intégrée.
Si OUI,
A. TESTER combien de données doivent être intégrées;
B. ALLER à l'Annexe III et SUIVRE les instructions pour tester quelles données doivent être intégrées;
C. REVENIR au protocole et PASSER au numéro 16.

Ceci clôt le protocole.

16. DIRE : *Je commande que cette reprogrammation soit tolérée et intégrée, selon le plan originel, dans la fréquence de l'amour, même si les hélices ont été désactivées dans le passé.*

Ceci scelle la reprogrammation.

17. DIRE : *Je commande que cette régénération soit complète et scellée jusqu'à nouvel ordre de la part de... (nom de la personne traitée).*

PROTOCOLE N° 15

Tolérer l'activation des 13 hélices

Les personnes qui ont travaillé consciemment à la transformation de leur ADN ont noté que ce processus suscitait toutes sortes de manifestations, des adultes ont grandi, d'autres ont vu leurs cheveux cesser de grisonner et ainsi de suite. Mais des symptômes moins agréables peuvent aussi accompagner ce processus. Ils sont généralement de courte durée et peuvent revenir de temps à autre. Ils peuvent être d'ordre physique : symptômes similaires à ceux de la grippe; maux de tête dont on ne parvient pas facilement à se débarrasser; écoulements nasaux occasionnels avec éternuements laissant croire à un rhume des foins ou à une grippe, mais qui ne durent que 24 heures; troubles auditifs, maux d'oreilles, étourdissements, troubles digestifs ou encore crises d'hypoglycémie plus fréquentes, par exemple.

On observe aussi des symptômes énergétiques. L'individu peut sentir que son corps entier vibre – surtout le soir quand il s'endort ou se détend. Il peut y avoir des picotements dans les bras, les mains, les jambes et les pieds. Les taux hormonaux peuvent varier sans raison apparente et certaines personnes observent un changement dans leur libido. Plusieurs de mes étudiants m'ont parlé de sensations de fatigue ou d'épuisement démesurées par rapport à la demande énergétique de leurs activités, ainsi que d'un désir de sommeil prolongé et plus fréquent. D'autres disent se sentir souvent hyperactifs. Selon mes observations, la qualité des rêves peut également changer, l'intuition augmenter et la capacité de faire des nouveaux liens par rapport au passé s'accroître.

Pendant ma propre période de transformation de mon ADN, j'ai eu tendance à me coucher de très bonne heure. J'ai subi de grands changements hormonaux ainsi que plusieurs crises d'hypoglycémie et d'hyperactivité. J'ai également vécu des épisodes de tension, d'anxiété et de dépression inexplicables. Je ressentais aussi beaucoup de stress parce que j'avais l'impression qu'il se passait quelque chose, mais je ne savais pas quoi.

Ce sont de tels épisodes de grippe et de dépression qui m'ont inspiré la formulation d'un protocole dont l'objectif est de nous aider à mieux tolérer le changement de fréquence que provoque la reprogrammation de notre ADN. Depuis que j'ai installé ce nouveau programme, j'ai remarqué un important changement dans mon humeur – les épisodes de dépressions inexplicables ne semblent plus avoir prise sur moi – quel soulagement !

PROTOCOLE DE REPROGRAMMATION N° 15

Programme pour tolérer le changement de fréquence

Première étape du protocole

Sert à identifier l'objet du protocole ainsi que les données à inclure dans la reprogrammation.

1re étape – PRÉPARATION

Avant de commencer à tester, émettre l'intention à voix haute : ***Je choisis d'être au point zéro même si je ne sais pas comment.*** Utiliser la kinésiologie (ou autre outil de test) pour trouver les réponses. Les données ainsi obtenues seront automatiquement prises en compte par l'intelligence innée du corps et la conscience du code génétique, en fonction de l'intention.

Toutes sortes de raisons peuvent expliquer qu'on obtienne un NON ici. On n'a pas à chercher pourquoi. Il faut simplement respecter ce fait.

1. **VÉRIFIER s'il est approprié pour l'évolution de la personne traitée d'installer maintenant dans l'ADN le programme pour tolérer le changement de fréquence.**

   Si NON,

   A. NE PAS effectuer cette reprogrammation.

   B. VÉRIFIER combien de temps (jours, semaines, mois) **on doit laisser passer avant de vérifier à nouveau si l'on peut effectuer cette reprogrammation.**

Il se peut que le programme soit installé dans l'ADN superflu et n'ait pas d'adresse spécifique.

   Si OUI,

   VÉRIFIER s'il est nécessaire d'obtenir une adresse spécifique.

   Si NON, PASSER au numéro suivant.

   Si OUI,

   A. VÉRIFIER dans quel chromosome (1 à 46...)**, quel gène** (1 à 5 000+) **on doit installer le nouveau programme et**

   B. VÉRIFIER combien de codons (1 à 30 000+) **comporte ce programme.**

2. **A. VÉRIFIER le pourcentage de tolérance au changement de fréquence pour cette personne.**

   B. VÉRIFIER si les symptômes du changement de fréquence sont tolérés.

Lui faire dire à voix haute : « C'est normal de changer de fréquence. » Testez pendant qu'elle parle.

3. **VÉRIFIER si la personne traitée peut affirmer qu'il est normal de changer de fréquence**

   A. en général, OU

   B. à propos d'une situation particulière à inscrire dans cette session

   Si OUI, VÉRIFIER de quelle situation spécifique il s'agit.

Le plan originel de l'ADN est le schéma antérieur à toute mutation génétique. Si cette information y est toujours latente, elle sera automatiquement incluse dans la reprogrammation.

4. **VÉRIFIER si le programme pour tolérer le changement de fréquence existait déjà dans le plan originel de l'ADN.**
   Si OUI,
   A. **VÉRIFIER si on peut le reproduire ici.**
   B. **VÉRIFIER si l'on doit installer un pont.**

Il s'agit d'un thème ou d'un autre programme qui pourrait neutraliser celui que nous sommes en train d'installer.

5. **VÉRIFIER s'il y a un programme et/ou un thème nuisible en résonance (écho) et/ou en dualité (polarité) qui pourrait interférer avec le nouveau programme.**
   TESTER chaque mot de la phrase précédente.

Les mémoires des anciens programmes pourraient interférer avec le nouveau programme.

6. **VÉRIFIER si des mémoires liées à un ou plusieurs ancien(s) programme(s) pourraient empêcher l'intégration dans l'ADN de ce nouveau programme. Si OUI, combien y a-t-il de mémoires ?**

7. **VÉRIFIER à quel pourcentage la personne est capable de se laisser aller dans le processus du changement de fréquence.**

Ces données seront automatiquement incluses dans la reprogrammation.

8. **VÉRIFIER s'il y a allergie au changement de fréquence sous la forme d'une :**
   A. **auto-immunité face à l'ancienne fréquence;**
   B. **auto-immunité face à la nouvelle fréquence.**

9. **VÉRIFIER s'il y a rivalité génétique à cause du changement de fréquence,**
   A. **au niveau biochimique : carbone, hydrogène, oxygène, azote, autre;**
   B. **au niveau électromagnétique : vitesse (trop élevée ou faible) et fréquence (trop haute ou basse) des électrons;**

C. au niveau du milieu : extracellulaire ou intracellulaire;
Si OUI,
VÉRIFIER le pourcentage d'intégrité (intra ou extracellulaire);
D. au niveau des hormones et des peptides;
E. au niveau des systèmes : nerveux, gastro-intestinal et psychoneuro-immunologique;
F. au niveau cellulaire et atomique : cellules, atomes, éléments quantiques (quarks, muons, cordelettes);
G. autre (Annexe VII).

Testez chacun des éléments (A à G). Les données servent à construire le nouveau programme. Elles seront automatiquement incluses dans la reprogrammation.

10. VÉRIFIER si les déchets métaboliques provenant du changement de fréquence s'éliminent complètement.
Si NON,
VÉRIFIER quel(s) système(s) est (sont) en cause :
A. lymphatique;
B. hépatique;
C. digestif ou intestinal;
D. rénal;
E. respiratoire;
F. nerveux;
G. autre (Annexe VII).

11. VÉRIFIER si la mitochondrie et les chromosomes sont en rivalité pour le même matériel (bases et acides aminés) ou s'il y a une autre rivalité dans le noyau de la cellule au sujet de l'énergie, à cause du changement de fréquence.

12. VÉRIFIER s'il y a des anticorps contre la nouvelle fréquence.

13. VÉRIFIER si le changement de fréquence crée une distorsion au niveau de l'aura.

14. VÉRIFIER si les corps énergétiques sont déphasés à cause du changement de fréquence.

15. VÉRIFIER si l'activation des parties du cerveau qui étaient inactives est tolérée.

16. VÉRIFIER si les champs électromagnétiques des hélices causent un désordre nerveux de nature électrique.

Le pourcentage obtenu sera automatiquement intégré dans la reprogrammation.

17. VÉRIFIER si la structure cristalline des hélices est activée par l'hypothalamus. Si OUI, VÉRIFIER à quel pourcentage.

18. VÉRIFIER si des radiations brouillent la fréquence des ondes des hélices.

19. VÉRIFIER s'il y a des miasmes et/ou des interférences transgénérationnelles à mettre au point zéro et/ou à dissoudre.

20. VÉRIFIER si la personne sait qu'elle peut changer de fréquence, être aimée et/ou s'aimer soi-même.

21. VÉRIFIER si l'intuition et l'énergie de la personne se sont amplifiées proportionnellement au changement de fréquence.

Cette donnée sera automatiquement incluse dans la reprogrammation.

22. A. VÉRIFIER si le champ magnétique a besoin d'être ionisé.
B. VÉRIFIER le pourcentage d'intégrité des ions négatifs et positifs.

La barrière hémato-encéphalique est un filtre sanguin qui ne laisse passer au cerveau que de très petites molécules comme celles du glucose.

23. VÉRIFIER le pourcentage d'intégrité de la barrière hémato-encéphalique.

24. VÉRIFIER s'il faut procéder à la réparation d'un ou plusieurs gène(s) dans un chromosome.
Si OUI, aller au protocole n° 8 et procéder à la (aux) réparation(s) avant de passer au numéro suivant.

25. VÉRIFIER s'il existe un pattern familial qui interfère avec le changement de fréquence ou le bloque.
Si OUI,
- **A. VÉRIFIER à combien de générations il remonte et s'il est d'origine maternelle ou paternelle.**
- **B. VÉRIFIER si l'on doit le mettre au point zéro et/ou le dissoudre.**

Il se peut qu'avant de pouvoir installer la reprogrammation, d'autres données doivent y être inscrites.

26. VÉRIFIER s'il est nécessaire d'intégrer d'autres données dans ce programme avant son installation.
Si OUI,
- **A. TESTER combien de données doivent être intégrées;**
- **B. ALLER à l'Annexe III et SUIVRE les instructions pour tester quelles données doivent être intégrées;**
- **C. REVENIR au protocole et PASSER à l'étape suivante.**

Deuxième étape du protocole

2ᵉ étape – INSTALLATION DE LA REPROGRAMMATION

L'installation de la reprogrammation tient compte de toutes les données trouvées à la première étape.

1. DIRE : ***Je commande que ce nouveau programme s'installe dans le noyau de la cellule maîtresse de l'épiphyse dans toutes les vies et toutes les dimensions.***

À mesure que l'on dit la commande à voix haute, chaque élément énuméré est intégré dans la reprogrammation. Utilisez le ton de la prière ou de l'hypnose.

2. DIRE : ***Je commande que, de l'épiphyse, il se rende :***
- **A.** ***aux glandes endocrines;***
- **B.** ***au cerveau, au coeur, à la rate, au système nerveux et aux peptides;***
- **C.** ***aux cellules, au liquide intra et extracellulaire, au vide interstitiel, aux atomes et aux éléments quantiques (quarks, muons et cordelettes, etc.);***
- **D.** ***à toutes les hélices, à tous les chakras, à tous les corps énergétiques et à l'âme;***
- **E.** ***autre endroit*** (Annexe III).

Si vous devez savoir lequel, allez à la section 16 de l'Annexe III et trouvez l'endroit.

3. **DIRE :** ***Je commande à l'ARN de se reconnecter et de soutenir ce nouveau programme.***

Le plan originel de l'ADN est le schéma antérieur à toute mutation génétique.

4. **DIRE :** ***Je commande aux codons de se remettre dans l'ordre du programme originel parfait même s'il y a eu des inversions de code.***

5. **DIRE :** ***Je commande à la vitesse des photons et à la structure de la spirale de l'ADN de s'ajuster.***

6. **DIRE :** ***Je commande le renouvellement des liens dans le corps calleux, selon le plan originel.***

Pour une définition du télomère et de la télomérase, consultez l'Annexe I.

7. **DIRE :** ***Je commande l'intégrité parfaite du télomère et de la télomérase.***

La liste des systèmes se trouve à l'Annexe VII.

8. **DIRE :** ***Je commande que les déchets des vieux programmes soient mis au point zéro et/ou éliminés à travers les systèmes appropriés.***

9. **DIRE :** ***Je commande que ce nouveau programme soit parfaitement scellé.***

Pour la définition du Merkabah, consultez l'Annexe I.

10. **DIRE :** ***Je commande que le Merkabah soit parfaitement scellé.***

11. **DIRE :** ***Je commande qu'aucune radiation n'affecte l'ADN ou l'ARN.***

12. **DIRE :** ***Je commande que ce nouveau programme s'installe complètement, et jusqu'à nouvel ordre, dans le bulbe rachidien, ici et maintenant.***

13. **DIRE :** ***Je commande que cette reprogrammation soit parfaitement tolérée, parfaitement intégrée et au point zéro.***

POINT ESSENTIEL de la reprogrammation

14. **DIRE :** ***Je commande que la puissance, l'harmonie et la justesse de cette reprogrammation s'installent dans l'ADN et que ce nouveau programme s'active complètement.***

Troisième étape du protocole

3e étape – CONCLUSION DU PROTOCOLE

Il se peut que le programme, pour être codé convenablement, exige l'installation d'autres données.

15. VÉRIFIER s'il est nécessaire d'intégrer d'autres données à la reprogrammation pour qu'elle soit effective, tolérée et intégrée.
Si OUI,
A. TESTER combien de données doivent être intégrées;
B. ALLER à l'Annexe III et SUIVRE les instructions pour tester quelles données doivent être intégrées;
C. REVENIR au protocole et PASSER au numéro 16.

Ceci clôt le protocole.

16. DIRE : *Je commande que cette reprogrammation soit tolérée et intégrée, selon le plan originel, dans la fréquence de l'amour, même si les hélices ont été désactivées dans le passé.*

Ceci scelle la reprogrammation.

17. DIRE : *Je commande que cette régénération soit complète et scellée jusqu'à nouvel ordre de la part de... (nom de la personne traitée).*

À propos de ce protocole, Line S. m'écrit ce qui suit :

Comptable agréée de formation, je travaille depuis 10 ans comme gestionnaire au sein d'entreprises où l'exercice de mon leadership me permettait déjà une proximité remarquable avec les gens. Et voilà que la reprogrammation de l'ADN par la kinésiologie se révèle à moi comme un outil exceptionnel me permettant un contact extraordinaire auprès du genre humain.

Au fil des reprogrammations que j'ai effectuées, j'ai perdu huit kilos et j'ai constaté une grande amélioration de mon estime personnelle. Je constate maintenant, dans ma propre vie, que l'ADN est un outil puissant qui facilite tous les changements que je peux désirer voir s'opérer sur les plans physique, émotionnel et spirituel aussi bien que mental. Avec l'expérience, je comprends mieux avec quelle rigueur les protocoles ont été élaborés, car ils sont efficaces et mon organisme les tolère parfaitement. J'apprécie aussi qu'ils soient à ma portée – je n'ai eu qu'à saisir les rudiments de base et à prendre conscience qu'avec l'énergie de l'intention, on peut tout changer ou presque [...]. Maintenant que je connais cet outil, je sais que je peux améliorer ma vie sans devoir suivre un parcours en dents de scie.

PROTOCOLE N° 16

Être parfaitement scellé

J'ai observé chez nombre de personnes que je traite une hypersensibilité qui leur causait bien des maux. Certaines étaient aisément envahies par les émotions de leurs proches ou de leur entourage au travail. D'autres étaient fortement affectées par la pleine lune. D'autres encore réagissaient mal aux foules, à la pollution électromagnétique des centres commerciaux ou encore aux ondes diffusées par les ordinateurs, les appareils de télécommunication et les satellites.

Il était évident que ces personnes avaient une très grande difficulté à ériger des frontières étanches. Ni les écrans protecteurs qu'ils visualisaient, ni leurs efforts pour conserver de bonnes dispositions d'esprit ne semblaient leur suffire. Même la technique des protections de lumière ne leur était d'aucun secours. J'avais aussi remarqué qu'en général ces personnes étaient de nature très sensible et souvent plus intuitives que la normale. C'est ce qui m'a donné l'idée de concevoir pour elles un protocole pour sceller leur ADN. Si nous sommes parfaitement scellés, nous allons pouvoir manifester nos désirs plus facilement car il n'y aura plus d'interférence.

La « multidimensionnalité »

J'aimerais cependant, avant de commencer ce protocole, clarifier le terme « multidimensionnel » qui y figure au numéro 17. On entend souvent parler de « multidimensionnalité » à propos des 13 hélices de l'ADN et chaque fois il est mentionné que lorsque l'ADN sera entièrement rebranché et harmonisé, nous aurons accès à notre « multidimensionnalité ». Cependant, on ne donne jamais de définition précise de ce qu'est cette « multidimensionnalité ». Pour la comprendre, j'ai fait appel aux notions de la physique quantique selon lesquelles le temps n'est pas linéaire.

Imaginons que notre âme centrale est un grand soleil dont chacun des rayons représente une incarnation (présente, passée ou à venir). Lorsque nous sommes au centre de ce grand soleil, nous avons accès à plus d'une vie, à plus d'un espace-temps à la fois. Pour rester cohérents, nous devons nous concentrer sur un de ces rayons, celui de notre incarnation actuelle. Mais il arrive parfois que les frontières entre ces rayons ne soient plus aussi précises et délimitées et que ces rayons, c'est-à-dire les différentes lignes du temps, puissent se toucher ou même se croiser.

Comprise de cette façon, la « multidimensionnalité » pourrait être à l'origine de l'apparition de certains malaises ressentis par les personnes hypersensibles. En effet, il est possible que ces personnes aient la capacité – inconsciente et non maîtrisée – d'habiter ou d'être en contact avec plusieurs dimensions en même temps, ce qui risque de les plonger périodiquement dans une « incohérence ».

Qu'il s'agisse de « multidimensionnalité » ou pas, si vous vous reconnaissez dans les malaises que j'énumérais au début de cette section, je vous invite à utiliser le protocole qui suit. Il sert à sceller votre ADN sans pour autant ériger un mur infranchissable autour de vous. Vous pourrez donc rester sensible aux autres et à votre environnement, mais seulement lorsque vous le désirerez.

PROTOCOLE DE REPROGRAMMATION N° 16

Programme pour être parfaitement scellé

Première étape du protocole

Sert à identifier l'objet du protocole ainsi que les données à inclure dans la reprogrammation.

1re étape – PRÉPARATION

Avant de commencer à tester, émettre l'intention à voix haute : ***Je choisis d'être au point zéro même si je ne sais pas comment.*** Utiliser la kinésiologie (ou autre outil de test) pour trouver les réponses. Les données ainsi obtenues seront automatiquement prises en compte par l'intelligence innée du corps et la conscience du code génétique, en fonction de l'intention.

Toutes sortes de raisons peuvent expliquer qu'on obtienne un NON ici. On n'a pas à chercher pourquoi. Il faut simplement respecter ce fait.

1. A. VÉRIFIER s'il est approprié pour l'évolution de la personne traitée d'installer dans l'ADN un programme pour être parfaitement scellé

- **a) en général, OU**
- **b) à propos d'une situation particulière à inscrire dans cette session.**
  Si OUI, VÉRIFIER de quelle situation spécifique il s'agit.

B. VÉRIFIER s'il est approprié d'installer ce programme maintenant.

Si NON,

- **a) NE PAS effectuer cette reprogrammation.**
- **b) VÉRIFIER combien de temps** (jours, semaines, mois) **on doit laisser passer avant de vérifier à nouveau si l'on peut effectuer cette reprogrammation.**

Il se peut que le programme soit installé dans l'ADN superflu et n'ait pas d'adresse spécifique.

Si OUI,

VÉRIFIER s'il est nécessaire d'obtenir une adresse spécifique.

Si NON, PASSER au numéro suivant.

Si OUI,

- **a) VÉRIFIER dans quel chromosome** (1 à 46…), **quel gène** (1 à 5 000+) **on doit installer le nouveau programme et**
- **b) VÉRIFIER combien de codons** (1 à 30 000+) **comporte ce programme.**

Le plan originel de l'ADN est le schéma antérieur à toute mutation génétique. Si cette information y est toujours latente, elle sera automatiquement incluse dans la reprogrammation.

2. **VÉRIFIER si le programme pour être parfaitement scellé existait déjà dans le plan originel de l'ADN.**
   Si OUI,
   A. VÉRIFIER si on peut le reproduire ici.
   B. VÉRIFIER si l'on doit installer un pont.

Il s'agit d'un thème ou d'un autre programme qui pourrait neutraliser celui que nous sommes en train d'installer.

3. **VÉRIFIER s'il y a un programme et/ou un thème nuisible en résonance (écho) et/ou en dualité (polarité) qui pourrait interférer avec le nouveau programme.**
   TESTER chaque mot de la phrase précédente.

Les mémoires des anciens programmes pourraient interférer avec le nouveau programme.

4. **VÉRIFIER si des mémoires liées à un ou plusieurs ancien(s) programme(s) pourraient empêcher l'intégration dans l'ADN de ce nouveau programme.**
   Si OUI, combien y a-t-il de mémoires ?

5. **VÉRIFIER si la personne a accès au programme pour être parfaitement scellée.**

6. **VÉRIFIER quel pourcentage des cellules se souviennent de ce que c'est que d'être parfaitement scellées.**

Testez chaque mot. Si l'on obtient NON aux points C, D et E, vérifier quels corps énergétiques, chakras ou hélices ne testent pas. Consultez l'Annexe III pour trouver quel autre endroit a besoin d'être parfaitement scellé.

7. **VÉRIFIER si les éléments suivants peuvent être parfaitement scellés :**
   A. l'âme;
   B. le Merkabah;
   C. tous les corps énergétiques;
   D. tous les chakras;
   E. les hélices;
   F. le corps physique;
   G. l'endroit où vit la personne, où elle travaille, son automobile, etc.;
   H. le vide interstitiel;
   I. autre (Annexe III).

8. **VÉRIFIER s'il y a un blocage qui empêche la personne traitée d'être parfaitement scellée.**

9. **VÉRIFIER si la personne traitée peut vivre en étant parfaitement scellée.**

10. **VÉRIFIER si cette personne a encore besoin de ne pas être parfaitement scellée.**

11. **VÉRIFIER si cette personne est attachée à ne pas être parfaitement scellée.**

12. **VÉRIFIER si le programme pour être parfaitement scellé est complètement ancré dans le quotidien.**

Être très fatigué sans raison, tomber dans l'autocritique, se sentir détraqué sont autant de modes référentiels indiquant que l'on n'est plus parfaitement scellé.

Pour savoir comment testez un nombre, consultez l'Annexe II.

13. **A. VÉRIFIER si la personne traitée peut percevoir dans son corps la différence entre être parfaitement scellée ou ne pas l'être.**
    B. VÉRIFIER si le code génétique de cette personne contient le programme lui permettant de ressentir dans son corps physique si elle est parfaitement scellée.
    C. VÉRIFIER si le code génétique de cette personne contient le programme lui permettant de ressentir si son environnement est parfaitement scellé.
    D. VÉRIFIER si la personne traitée connaît et sait reconnaître son mode référentiel (signaux) pour savoir si elle n'est pas parfaitement scellée et/ou si son environnement n'est pas parfaitement scellé.
    E. VÉRIFIER si l'on peut activer ou réactiver les programmes pour que la personne traitée puisse ressentir dans son corps physique si elle est parfaitement scellée et/ou si son environnement est parfaitement scellé.
    F. VÉRIFIER si l'on peut inclure dans le nouveau programme un code permettant à la personne traitée de se sceller et de sceller son environnement parfaitement et automatiquement lorsqu'elle perçoit que ce n'est plus scellé.

14. **VÉRIFIER si la personne traitée peut intégrer d'être parfaitement scellée au niveau :**
    A. des glandes endocrines;
    B. du cerveau, du coeur, de la rate, du système nerveux et des peptides;
    C. des cinq sens;
    D. des hélices, des chakras, des corps énergétiques et de l'âme;
    E. autre endroit (Annexe III).

15. VÉRIFIER si la personne traitée peut manifester ses désirs tout en étant parfaitement scellée.

Testez chacun des éléments (A à H). Les données servent à construire le nouveau programme. Elles seront automatiquement incluses dans la reprogrammation.

16. VÉRIFIER si la personne traitée est capable :
- **A. de rester ouverte à l'univers, même si elle est parfaitement scellée;**
- **B. d'être en contact avec les autres dimensions, même si elle est parfaitement scellée;**
- **C. d'être en contact avec les autres, même si elle est parfaitement scellée;**
- **D. d'être en contact avec l'inspiration, même si elle est parfaitement scellée;**
- **E. d'être elle-même, même si elle est parfaitement scellée;**
- **F. de savoir qui elle est, même si elle est parfaitement scellée;**
- **G. d'être psychiquement intègre, même si elle est parfaitement scellée;**
- **H. autre intention** (Annexe V) **même si elle est parfaitement scellée.**

17. VÉRIFIER s'il y a des miasmes et/ou des interférences transgénérationnelles à mettre au point zéro et/ou à dissoudre .

18. A. VÉRIFIER si la densité des corps énergétiques s'allourdit lorsque la personne n'est pas parfaitement scellée.
- **B. VÉRIFIER si le code génétique de la personne traitée contient le programme lui permettant d'alléger ses corps énergétiques lorsqu'elle devient parfaitement scellée.**

19. VÉRIFIER si la personne traitée peut rester connectée à toutes ses hélices même si elle est parfaitement scellée.

Il se peut qu'avant de pouvoir installer la reprogrammation, d'autres données doivent y être inscrites.

20. VÉRIFIER s'il est nécessaire d'intégrer d'autres données dans ce programme avant son installation.
Si OUI,
- **A. TESTER combien de données doivent être intégrées;**
- **B. ALLER à l'Annexe III et SUIVRE les instructions pour tester quelles données doivent être intégrées;**
- **C. REVENIR au protocole et PASSER à l'étape suivante.**

Deuxième étape du protocole

2e étape – INSTALLATION DE LA REPROGRAMMATION

L'installation de la reprogrammation tient compte de toutes les données trouvées à la première étape.

1. **DIRE :** ***Je commande que ce nouveau programme s'installe dans le noyau de la cellule maîtresse de l'épiphyse dans toutes les vies et toutes les dimensions.***

À mesure que l'on dit la commande à voix haute, chaque élément énuméré est intégré dans la reprogrammation. Utilisez le ton de la prière ou de l'hypnose.

2. **DIRE :** ***Je commande que, de l'épiphyse, il se rende :***
   - **A.** ***aux glandes endocrines;***
   - **B.** ***au cerveau, au coeur, à la rate, au système nerveux et aux peptides;***
   - **C.** ***aux cellules, au liquide intra et extracellulaire, au vide interstitiel, aux atomes et aux éléments quantiques (quarks, muons et cordelettes, etc.);***
   - **D.** ***à toutes les hélices, à tous les chakras, à tous les corps énergétiques et à l'âme;***
   - **E.** ***autre endroit*** (Annexe III).

Si vous devez savoir lequel, allez à la section 16 de l'Annexe III et trouvez l'endroit.

3. **DIRE :** ***Je commande à l'ARN de se reconnecter et de soutenir ce nouveau programme.***

Le plan originel de l'ADN est le schéma antérieur à toute mutation génétique.

4. **DIRE :** ***Je commande aux codons de se remettre dans l'ordre du programme originel parfait même s'il y a eu des inversions de code.***

5. **DIRE :** ***Je commande à la vitesse des photons et à la structure de la spirale de l'ADN de s'ajuster.***

6. **DIRE :** ***Je commande le renouvellement des liens dans le corps calleux, selon le plan originel.***

Pour une définition du télomère et de la télomérase, consultez l'Annexe I.

7. **DIRE :** ***Je commande l'intégrité parfaite du télomère et de la télomérase.***

La liste des systèmes se trouve à l'Annexe VII.

8. **DIRE :** ***Je commande que les déchets des vieux programmes soient mis au point zéro et/ou éliminés à travers les systèmes appropriés.***

9. **DIRE :** ***Je commande que ce nouveau programme soit parfaitement scellé.***

Pour la définition du Merkabah, consultez l'Annexe I.

10. **DIRE :** ***Je commande que le Merkabah soit parfaitement scellé.***

11. **DIRE :** ***Je commande qu'aucune radiation n'affecte l'ADN ou l'ARN.***

12. **DIRE :** ***Je commande que ce nouveau programme s'installe complètement, et jusqu'à nouvel ordre, dans le bulbe rachidien, ici et maintenant.***

13. **DIRE :** ***Je commande que cette reprogrammation soit parfaitement tolérée, parfaitement intégrée et au point zéro.***

POINT ESSENTIEL de la reprogrammation

14. **DIRE :** ***Je commande que la puissance, l'harmonie et la justesse de cette reprogrammation s'installent dans l'ADN et que ce nouveau programme s'active complètement.***

Troisième étape du protocole

3ᵉ étape – CONCLUSION DU PROTOCOLE

Il se peut que le programme, pour être codé convenablement, exige l'installation d'autres données.

15. **VÉRIFIER s'il est nécessaire d'intégrer d'autres données à la reprogrammation pour qu'elle soit effective, tolérée et intégrée.**
    Si OUI,
    A. TESTER combien de données doivent être intégrées;
    B. ALLER à l'Annexe III et SUIVRE les instructions pour tester quelles données doivent être intégrées;
    C. REVENIR au protocole et PASSER au numéro 16.

Ceci clôt le protocole.

16. DIRE : *Je commande que cette reprogrammation soit tolérée et intégrée, selon le plan originel, dans la fréquence de l'amour, même si les hélices ont été désactivées dans le passé.*

Ceci scelle la reprogrammation.

17. DIRE : *Je commande que cette régénération soit complète et scellée jusqu'à nouvel ordre de la part de... (nom de la personne traitée).*

Micheline N. écrit à propos de ce protocole :

Je me sentais plutôt mal, c'est comme si à l'intérieur de ma tête se trouvait prise une masse vibrante qui me gardait dans un état second. Je ressentais une impression d'instabilité ou plus rien ne circulait correctement. Un traitement nous amène à corriger des points spécifiques du corps et à programmer de nouvelles données … J'étais scellée à 10 % seulement. Au moment où Bruno appliquait les étapes du protocole, des pièces se détachaient de cette masse pour se placer tout autour de la boîte crânienne… un peu comme des bulles d'eau qui remonteraient à la surface. Tout s'installait pour libérer cette tension et permettre un espace confortable. J'ai donc repris le volant de ma voiture en toute quiétude.

PROTOCOLE N° 17

L'ADN et la quête spirituelle

Plus j'avance dans mon travail sur l'ADN et plus il m'est facile d'entrer à l'intérieur de moi. Je peux maintenant fermer les yeux et me reposer à l'intérieur des spirales de mes treize hélices. Aussi, après avoir élaboré des protocoles sur tant de sujets différents appartenant à presque tous les aspects de la vie humaine, il m'a semblé logique d'utiliser ce pouvoir de la reprogrammation pour m'assister dans ma quête spirituelle. Il en a résulté le protocole n° 17.

Après avoir essayé ce protocole sur moi-même, j'ai passé deux jours dans un état de béatitude. Je n'étais plus seule, perdue dans l'univers, mais je me sentais unie à la Source. Cela a provoqué comme une « implosion » à l'intérieur de moi qui m'a enfin permis de méditer sans me battre continuellement contre le mental et l'inconfort. Depuis cette expérience, je me sens beaucoup plus branchée et le temps me semble moins long. Voici donc ce protocole... et bonne méditation !

PROTOCOLE DE REPROGRAMMATION N° 17

Méditation sur l'implosion à l'intérieur de son ADN

Première étape du protocole

Sert à identifier l'objet du protocole ainsi que les données à inclure dans la reprogrammation.

1re étape – PRÉPARATION

Avant de commencer à tester, émettre l'intention à voix haute : ***Je choisis d'être au point zéro même si je ne sais pas comment.*** Utiliser la kinésiologie (ou autre outil de test) pour trouver les réponses. Les données ainsi obtenues seront automatiquement prises en compte par l'intelligence innée du corps et la conscience du code génétique, en fonction de l'intention.

1. **VÉRIFIER si la personne traitée est capable de faire une implosion à l'intérieur de son propre code génétique dans la nouvelle fréquence du point zéro**
   - **A. en général, OU**
   - **B. à propos d'une situation particulière à inscrire dans cette session.**
     Si OUI, VÉRIFIER de quelle situation spécifique il s'agit.

Toutes sortes de raisons peuvent expliquer qu'on obtienne un NON ici. On n'a pas à chercher pourquoi. Il faut simplement respecter ce fait.

2. **VÉRIFIER s'il est approprié pour l'évolution de la personne traitée d'installer dans l'ADN un programme pour que la personne soit capable de faire une implosion à 100 % à l'intérieur de son propre code génétique.**
   Si NON,
   - **A. NE PAS effectuer cette reprogrammation.**
   - **B. VÉRIFIER combien de temps** (jours, semaines, mois) **on doit laisser passer avant de vérifier à nouveau si l'on peut effectuer cette reprogrammation.**

   Si OUI,
   VÉRIFIER s'il est nécessaire d'obtenir une adresse spécifique.
   Si NON, PASSER au numéro suivant.
   Si OUI,
   - **A. VÉRIFIER dans quel chromosome** (1 à 46…), **quel gène** (1 à 5 000+) **on doit installer le nouveau programme et**
   - **B. VÉRIFIER combien de codons** (1 à 30 000+) **comporte ce programme.**

Il se peut que le programme soit installé dans l'ADN superflu et n'ait pas d'adresse spécifique.

Le plan originel de l'ADN est le schéma antérieur à toute mutation génétique. Si cette information y est toujours latente, elle sera automatiquement incluse dans la reprogrammation.

3. **VÉRIFIER si le programme pour faire une implosion à l'intérieur de son ADN existait déjà dans le plan originel de l'ADN.**
   Si OUI,
   - **A. VÉRIFIER si on peut le reproduire ici.**
   - **B. VÉRIFIER si l'on doit installer un pont.**

Il s'agit d'un thème ou d'un autre programme qui pourrait neutraliser celui que nous sommes en train d'installer.

4. **VÉRIFIER s'il y a un programme et/ou un thème nuisible en résonance (écho) et/ou en dualité (polarité) qui pourrait interférer avec le nouveau programme.**
   TESTER chaque mot de la phrase précédente.

Les mémoires des anciens programmes pourraient interférer avec le nouveau programme.

5. **VÉRIFIER si des mémoires liées à un ou plusieurs ancien(s) programme(s) pourraient empêcher l'intégration dans l'ADN de ce nouveau programme.**
   Si OUI, combien y a-t-il de mémoires ?

6. **VÉRIFIER si l'on doit installer un pont entre l'hypothalamus et le lobe frontal.**

Pour savoir comment tester un nombre, consultez l'Annexe II. Il peut y avoir des centaines, parfois des milliers, de fragments.

7. **A. VÉRIFIER s'il y a des fragments qui se seraient séparés de la personne lors d'une implosion précédente.**
   B. VÉRIFIER s'il est approprié de ramener ces fragments dans le présent au point zéro, de les réintégrer à l'intérieur de cette personne et de les ancrer dans l'ADN ou de les diriger vers l'Âme centrale.

8. **VÉRIFIER si une alliance bloque l'implosion.**

9. **VÉRIFIER si l'âme est en état de choc et si cet état empêche l'implosion.**

10. **VÉRIFIER si l'ego risque de fragmenter et/ou d'être déstabilisé par l'implosion au point zéro.**

11. VÉRIFIER si l'implosion risque de déstabiliser et/ou de fragmenter :
   A. les glandes endocrines;
   B. le cerveau, le coeur, la rate, le système nerveux et les peptides;
   C. les cellules, le liquide intra et extra cellulaire, les atomes et les éléments quantiques (quarks, muons et cordelettes);
   D. les hélices, les chakras, les corps énergétiques et l'âme;
   E. autre endroit (Annexe III)**.**

12. VÉRIFIER s'il faut ajuster le champ électromagnétique des hélices pour faciliter l'implosion.

13. VÉRIFIER s'il faut installer une nouvelle particule quantique dans l'atome pour permettre l'implosion.

Cette donnée sera automatiquement incluse dans la reprogrammation.

14. VÉRIFIER si l'implosion est parfaitement tolérée.

15. VÉRIFIER si la personne traitée est capable de vivre avec le succès de l'implosion.

On parle ici de bénéfices tels que l'abondance, la sécurité, la santé, etc.

16. VÉRIFIER si la personne traitée peut transmettre les bénéfices de cette implosion à son corps physique et à sa réalité terrestre.
Si NON, VÉRIFIER si l'on doit installer un pont.

17. VÉRIFIER si la personne traitée est capable de se reconnecter à elle-même « multidimensionnellement » grâce à l'implosion.

18. VÉRIFIER si la personne traitée est capable de retourner à l'Unité originelle grâce à l'implosion dans son code génétique.

Il se peut qu'avant de pouvoir installer la reprogrammation, d'autres données doivent y être inscrites.

19. VÉRIFIER s'il est nécessaire d'intégrer d'autres données dans ce programme avant son installation.
Si OUI,
A. TESTER combien de données doivent être intégrées;
B. ALLER à l'Annexe III et SUIVRE les instructions pour tester quelles données doivent être intégrées;
C. REVENIR au protocole et PASSER à l'étape suivante.

Deuxième étape du protocole

2ᵉ étape – INSTALLATION DE LA REPROGRAMMATION

L'installation de la reprogrammation tient compte de toutes les données trouvées à la première étape.

1. **DIRE :** ***Je commande que ce nouveau programme s'installe dans le noyau de la cellule maîtresse de l'épiphyse dans toutes les vies et toutes les dimensions.***

À mesure que l'on dit la commande à voix haute, chaque élément énuméré est intégré dans la reprogrammation. Utilisez le ton de la prière ou de l'hypnose.

2. **DIRE :** ***Je commande que, de l'épiphyse, il se rende :***
   A. ***aux glandes endocrines;***
   B. ***au cerveau, au coeur, à la rate, au système nerveux et aux peptides;***
   C. ***aux cellules, au liquide intra et extracellulaire, au vide interstitiel, aux atomes et aux éléments quantiques (quarks, muons et cordelettes, etc.);***
   D. ***à toutes les hélices, à tous les chakras, à tous les corps énergétiques et à l'âme;***
   E. ***autre endroit*** (Annexe III).

Si vous devez savoir lequel, allez à la section 16 de l'Annexe III et trouvez l'endroit.

3. **DIRE :** ***Je commande à l'ARN de se reconnecter et de soutenir ce nouveau programme.***

Le plan originel de l'ADN est le schéma antérieur à toute mutation génétique.

4. **DIRE :** ***Je commande aux codons de se remettre dans l'ordre du programme originel parfait même s'il y a eu des inversions de code.***

5. **DIRE :** ***Je commande à la vitesse des photons et à la structure de la spirale de l'ADN de s'ajuster.***

6. **DIRE :** ***Je commande le renouvellement des liens dans le corps calleux, selon le plan originel.***

Pour une définition du télomère et de la télomérase, consultez l'Annexe I.

7. **DIRE :** ***Je commande l'intégrité parfaite du télomère et de la télomérase.***

La liste des systèmes se trouve à l'Annexe VII.

8. **DIRE : *Je commande que les déchets des vieux programmes soient mis au point zéro et/ou éliminés à travers les systèmes appropriés.***

9. **DIRE : *Je commande que ce nouveau programme soit parfaitement scellé.***

Pour la définition du Merkabah, consultez l'Annexe I.

10. **DIRE : *Je commande que le Merkabah soit parfaitement scellé.***

11. **DIRE : *Je commande qu'aucune radiation n'affecte l'ADN ou l'ARN.***

12. **DIRE : *Je commande que ce nouveau programme s'installe complètement, et jusqu'à nouvel ordre, dans le bulbe rachidien, ici et maintenant.***

13. **DIRE : *Je commande que cette reprogrammation soit parfaitement tolérée, parfaitement intégrée et au point zéro.***

POINT ESSENTIEL de la reprogrammation

14. **DIRE : *Je commande que la puissance, l'harmonie et la justesse de cette reprogrammation s'installent dans l'ADN et que ce nouveau programme s'active complètement.***

Troisième étape du protocole

3e étape – CONCLUSION DU PROTOCOLE

Il se peut que le programme, pour être codé convenablement, exige l'installation d'autres données.

15. **VÉRIFIER s'il est nécessaire d'intégrer d'autres données à la reprogrammation pour qu'elle soit effective, tolérée et intégrée.**
    Si OUI,
    A. TESTER combien de données doivent être intégrées;
    B. ALLER à l'Annexe III et SUIVRE les instructions pour tester quelles données doivent être intégrées;
    C. REVENIR au protocole et PASSER au numéro 16.

Ceci clôt le protocole.

16. **DIRE :** ***Je commande que cette reprogrammation soit tolérée et intégrée, selon le plan originel, dans la fréquence de l'amour, même si les hélices ont été désactivées dans le passé.***

Ceci scelle la reprogrammation.

17. **DIRE :** ***Je commande que cette régénération soit complète et scellée jusqu'à nouvel ordre de la part de... (nom de la personne traitée).***

Conclusion

L'accès aux nouveaux scénarios

Nous savons maintenant formuler des programmes, alors ils n'ont pas à être restreints. Les possibilités sont infinies. La compréhension des protocoles d'ingénierie génétique nous permet désormais de créer la réalité souhaitée. Nous sommes maîtres de nos comportements et de nos programmes.

Nous sommes les experts de la troisième dimension. C'est nous qui devons dire ce que nous désirons, comment nous nous sentons, ce qui nous rend inconfortables et ce qui nous comble. La nouvelle façon de penser, la création de nouvelles réalités, l'état d'amour, la non interférence à l'égard de notre ADN et pour finir les treize alliés en nous, nous parlent tous de la même chose : notre souveraineté sur notre ADN. Je vis parmi des êtres humains qui comprennent parfaitement les rouages de la vie sur terre. C'est à eux qu'incombe de restructurer et de redéfinir le génome humain. La révolution du génome ne se fait pas qu'en laboratoire. Elle est instaurée globalement sur la terre par tous ceux qui se permettent de redevenir cocréateurs de leur propre ADN par le pouvoir de l'intention.

L'une des questions la plus difficile à résoudre sera de trouver un équilibre adéquat entre nos visions de reprogrammation et la confiance en notre capacité de recoder sans aucune autre autorité que la nôtre. Tentons l'expérience des protocoles et admirons les changements dans nos relations, dans notre santé et dans notre entourage. Et puisque les scientifiques ignorent en particulier la fonction d'environ 97 % de l'ADN, permettons-nous de le redéfinir !

Vous vous imaginez bien qu'en tant que rebelle et innovatrice, je me devais d'inaugurer, d'instaurer et d'ancrer la fréquence de l'amour dans la troisième dimension. Ce fut le moteur de la création des protocoles de reprogrammation que je vous ai présenté dans ces chapitres.

Après l'activation de notre code génétique, nous nous sentons d'avantage intuitifs, moins démunis et moins limités par des processus interminables. Certains font même état d'un rajeunissement et d'une santé meilleure. Notre ADN n'est pas statique et c'est là la grande découverte de notre siècle.

Notre but ultime n'est pas seulement de réactiver l'ensemble de nos hélices, mais de vivre dans une perspective circulaire comme si nous étions au milieu d'un cercle et que nous regardions chaque problème en tenant compte de treize parts de tarte plutôt que de deux. Cette vision circulaire apporte avec elle la compassion, la compréhension, l'abondance, l'humilité et l'Amour de soi. Quand les gens me disent que j'ai une bonne vie, des enfants extraordinaires et que je me porte bien, je réponds toujours que c'est l'ADN et l'intention qui m'y ont amenée. Il pourrait sembler que c'est facile pour moi, par comparaison avec d'autres personnes. Pourtant, j'ai quatre enfants, un chien et je dois encore faire la vaisselle. Je vis les aléas des tempêtes de neige en hiver. J'ai froid en hiver et j'ai chaud en été. Je peux m'esclaffer de rire et pleurer sans raison. En fait, je n'ai même pas de preuve de l'infaillibilité des programmes de l'ADN comme certains peuvent en produire (ils n'ont plus de cheveux gris, ne sont plus jamais malades, etc.). Toutefois, la vraie preuve dont je peux témoigner est celle de l'harmonie, de notre aisance pour parler des vraies choses et des quantités d'événements synchronisés qui se produisent dans notre vie. Ma vitalité est bien meilleure et je n'ai plus d'épisodes de dépression. Depuis que je suis très jeune, je sais intuitivement que la réalité telle qu'elle est n'est pas la seule option. Je suis la dernière d'une famille de sept enfants et je suis née sous le signe du bélier avec le neuf comme chemin numérologique. Je suis venue ici pour les nouveaux départs et la fin des vieux cycles. Maintenant que mes 13 hélices sont rebranchées, je peux enfin dire que JE SUIS DIEU/DÉESSE, car mon plan originel et ce que j'en ai récupéré jusqu'à maintenant m'en donnent l'assurance. Ce sera la même chose pour vous.

Annexe I

LEXIQUE

CHROMOSOME : Un chromosome est un assemblage d'un nombre variable de gènes. Les recherches actuelles montrent qu'un même chromosome pourrait contenir plus de 5 000 gènes. L'ADN humain contient 46 chromosomes ou « filaments chromosomiques ».

CODON : Les codons sont les blocs de construction du gène (voir ce mot). Les éléments de base de l'ADN sont quatre acides nucléiques appelés adénine (A), thymine (T), guanine (G) et cytosine (C). Ces quatre acides nucléiques s'assemblent par paires de façon spécifique : AT ou TA, GC ou CG. Ces paires elles-mêmes se regroupent ensuite trois par trois. C'est ce que l'on appelle un codon. Le « mot » « AT CG GC », par exemple, est un codon.

Il y a 64 façons différentes de combiner les paires d'acides nucléiques pour former des codons, ce qui revient à dire qu'il y a 64 formes de codons possibles. Cependant, on n'a jamais trouvé chez les humains, partout sur la planète, que 20 combinaisons actives sur les 64 possible, à quoi s'ajoutent trois autres combinaisons considérées comme des « déclencheurs » ou des « interrupteurs » de code. Cela signifie que 41 des 64 formes possibles de codons ne sont pas activées.

Un gène (programme ou code génétique) peut être constitué de seulement deux codons ou d'un très grand nombre de codons. Par exemple, une équipe de spécialistes de l'Hôpital de Toronto a découvert un gène (probablement celui gouvernant la structure du cerveau) dont le nombre de codons pourrait s'élever à 100 000 ou plus encore.

FRAGMENTS : Chaque fois que nous vivons un trop grand stress ou une dissociation, nous courons le risque de subir un accident psychique par lequel nous perdons une partie de notre être (ou soi). Les textes spirituels réfèrent à ce genre d'accident sous l'expression « fragmentation du soi ». Selon certains auteurs, ces parties fragmentées de l'être pourraient avoir une vie propre. D'autres vont même jusqu'à affirmer que cette fragmentation est l'une des causes de la surpopulation terrestre.

Quoi qu'il en soit, il est clair que plus nous rebrancherons nos hélices perdues, plus il nous sera possible de nous réapproprier ces fragments de notre être qui ne sont plus partie prenante de notre réalité personnelle consciente.

Ramener à nous tous nos fragments serait d'ailleurs, selon certaines sources que j'ai trouvées sur Internet, une des avenues permettant d'accéder à l'ascension. Par ailleurs, je me suis aperçue qu'une des façons les plus puissantes et les plus habiles d'accélérer notre évolution dans la facilité et dans la joie consiste à inclure tous nos fragments dans la formulation de nos intentions, de sorte qu'ils puissent eux aussi bénéficier des reprogrammations que nous effectuons.

GÈNE : Le gène est un élément du chromosome (voir ce mot). Constitué d'une série de codons (voir ce mot), le gène est un « code » ou un « programme » qui conditionne et détermine la manifestation d'un caractère héréditaire propre. Selon les scientifiques, le génome humain compte entre 90 000 et 100 000 gènes, soit une moyenne approximative de 5 000 gènes par chromosome, mais certains chromosomes peuvent en contenir beaucoup moins et d'autres plus.

DISTORSION HOLOGRAPHIQUE : Les distorsions holographiques, ou situations holographiques, sont une fausse réalité ou réalité « virtuelle » qui ressemblent à s'y méprendre à la réalité tridimensionnelle concrète. Les distorsions holographiques sont des événements créés, fabriqués et insérés vibratoirement dans notre vie pour nous donner l'illusion qu'ils constituent notre réalité ou qu'ils en font partie. Cependant, ces distorsions holographiques ont un champ d'énergie et ce champ d'énergie est différent de celui de la réalité : il vibre à une vitesse incroyable. C'est ce qui permet de les détecter soit par la kinésiologie ou par tout autre moyen intuitif. Devant ce phénomène, une personne sensible a une impression de « faux », d'étrange. Quelque chose cloche, même si c'est difficile à discerner. Cela est dû au fait que les hélices vibratoires de l'ADN réagissent mal en présence des distorsions holographiques.

MERKABAH : Il y a trois champs d'énergie ayant une forme géométrique précise, superposés autour de notre corps : il s'agit des champs énergétiques, mental et émotionnel. Si on fait tourner ces champs en reliant le mental, l'émotionnel et le corps physique, le champ mental tourne vers la gauche, l'émotionnel vers la droite et le physique reste immobile. Lorsqu'on fait tourner ces champs à des vitesses très précises et de façon spécifique, une sphère peut apparaître.

MIASMES : Un miasme est un manque, un vide ou une faille énergétique qui nous rend plus fragile face à certaines pathologies ou à certains déséquilibres psychologiques. Quoique vibratoires, les miasmes peuvent se manifester physiquement au niveau des cellules et des molécules, si certaines conditions les déclenchent. Ces manifestations énergétiques peuvent nous affecter légèrement par des affaiblissements mineurs ou plus sévèrement par de graves transformations ou par des mutations.

Il doit y avoir une compatibilité énergétique temporaire entre la personne et le milieu ambiant du miasme pour que le lien entre les deux s'établisse. Ce peut être le cas au moment d'un choc (bon ou mauvais) par exemple. Le choc ouvrirait un portail et laisserait entrer le miasme. Le miasme s'installe alors en nous comme une plus petite réalité disjointe. En réponse à cette intrusion, le corps va créer une zone-tampon énergétique autour du miasme pour se protéger de l'intrus. Un miasme peut demeurer ainsi emmuré, tant au niveau énergétique que moléculaire, très longtemps. Aussi longtemps, en fait, qu'il n'y aura pas d'élément déclencheur. Il ne gêne pas la personne autrement que par la non-disponibilité de l'énergie vitale requise au maintien du mur protecteur. Le miasme fait alors partie de la constitution moléculaire de la personne et il peut être transmis génétiquement par l'ADN superflu aux générations suivantes. L'énergie d'un miasme, libérée par un élément déclencheur, peut alors finir par causer des problèmes de santé. On soupçonne d'ailleurs que la cause première de certaines allergies ne se situe pas dans l'environnement, ni au niveau du système immunitaire, mais que son origine soit plutôt dans le déclenchement de l'activité d'un miasme jusque-là dormant. Dans de tels cas, on ne pourra éliminer les allergies qu'en traitant le miasme lui-même.

TÉLOMÉRASE : La télomérase est une enzyme qui forme la « colle » du télomère (voir ce mot).

TÉLOMÈRE : Le télomère fait partie de la structure même du chromosome. Il s'agit d'une protéine qui se trouve aux extrémités des filaments chromosomiques de l'ADN et qui les protège. Plus simplement, il s'agit du bout de chaque chromosome.

La détérioration du télomère provoque la mort cellulaire tandis que son maintien permet aux cellules normales de vivre plus longtemps. Lors de la division cellulaire, le télomère peut se perdre ou être endommagé. Cela peut entraîner des anomalies dans la multiplication cellulaire ou interrompre complètement la division cellulaire. Si le télomère est affecté, nous perdons du matériel génétique. Cet appauvrissement du matériel génétique est responsable du vieillissement et de la maladie.

Annexe II

Kinésiologie

Deux techniques de test kinésiologique avec les doigts

Le mot kinésiologie est dérivé du grec et signifie « étude du mouvement ». La kinésiologie traditionnelle étudie le mouvement des muscles et la résistance musculaire en relation avec les dynamiques internes du corps.

Le test kinésiologique tel qu'utilisé en kinésiologie de reprogrammation est un test de résistance musculaire qui permet d'interpréter, d'entendre la réponse (le message) du corps. C'est pourquoi l'on peut dire qu'avec la kinésiologie de reprogrammation, on pratique une thérapie réellement démocratique, car ce n'est plus le thérapeute, en position dominante, qui décide ce qu'il faut faire, mais bien l'intelligence innée du corps lui-même qui dicte la marche à suivre grâce à un système de questions et réponses.

Dans un test kinésiologique, l'objet n'est pas de mesurer la force, mais d'observer les changements dans la résistance des muscles. Ainsi, dans le classique test du sucre, on mesure d'abord la résistance naturelle des muscles du bras à une pression appliquée vers le bas par le thérapeute, puis on pose une enveloppe de sucre sur le sujet et on mesure de nouveau la résistance musculaire du même bras. Si le sucre affecte négativement la personne (ce qui est le cas neuf fois sur dix), la résistance diminue de façon notable et le bras baisse (ou tombe) lorsque soumis à la même pression vers le bas. Dans le cas contraire, elle reste identique. Il ne s'agit pas de fatigue, puisque si on refait le test après avoir enlevé le sucre, la résistance revient à la normale.

Il existe plus d'une méthode de test kinésiologique et nous en présentons deux dans cette annexe. Nous vous recommandons d'utiliser la première méthode, car c'est la plus pratique, puisqu'elle n'utilise qu'une main. Il se peut cependant que vous ayez besoin de la pratiquer pendant un moment avant d'obtenir des réponses valables.

Principe de base

Quelle que soit la méthode choisie, le principe de base reste le même :

1. On pose une question entraînant une réponse de type « oui ou non » et on mesure la résistance.
2. **Si la résistance diminue, cela est interprété comme un OUI, tandis qu'on interprète comme un NON le fait que la résistance reste identique ou augmente.**
   Voici donc ces deux méthodes. Nous parlerons ensuite de la façon d'utiliser le test kinésiologique pour obtenir une réponse en chiffres, par exemple.

Méthode 1 – Les deux doigts

Dans cette méthode, pour effectuer le test de résistance musculaire, on place le majeur sur l'index. Le majeur exerce une pression vers le bas, comme pour faire fléchir l'index, pendant que l'index résiste.

1. Poser une question.
2. Exercer une pression du majeur sur l'index.
3. Si l'index fléchit (ce qui est généralement ressenti au niveau de la jointure la plus proche de la paume), on a obtenu un OUI. Si au contraire il a résisté sans fléchir, on a obtenu un NON.

Si vous avez du mal à obtenir des réponses conséquentes, il vous faudra peut-être « apprendre » (dire, commander...) à vos doigts qu'une relâche de la tension signifie un OUI et qu'à l'inverse, le maintien de la tension (ou son augmentation) sera compris comme un NON.

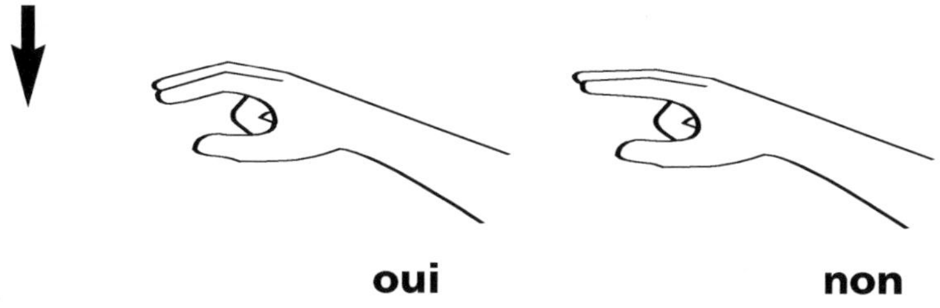

Méthode 2 – Le circuit

Dans cette méthode, on forme un circuit en connectant fermement le pouce et l'auriculaire d'une main. Le test consistera à tenter de briser le circuit en exerçant une pression avec l'index et le pouce de l'autre main, insérés dans le cercle que forme le circuit. Si le circuit est brisé (donc si la résistance a diminué), cela signifie qu'on a obtenu un OUI. Si au contraire le circuit est resté fermé (la résistance s'est maintenue), on a obtenu un NON.

Les doigts du circuit :

A. Pour les droitiers :
Soulever la main gauche et joindre le bout du pouce gauche avec le bout de l'auriculaire gauche.

B. Pour les gauchers :
Soulever la main droite et joindre le bout du pouce droit avec le bout de l'auriculaire droit.
Vous avez ainsi formé le circuit.

Il est important de maintenir une pression égale et continue dans les doigts du circuit, lorsque vous testez. Il faut y mettre juste assez de force pour que les doigts se sentent éveillés et connectés, et laisser les doigts décider s'ils vont résister ou relâcher.

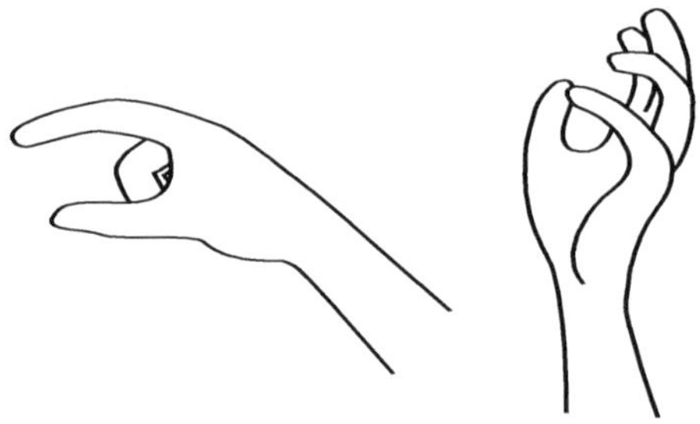

Les doigts testeurs :

Pour tester le circuit, on joint le pouce et l'index de l'autre main et on les insère à l'intérieur du circuit. On exerce ensuite une pression sur les doigts du circuit de façon qu'ils s'ouvrent et que le circuit soit ainsi brisé.

Pour tester, il est important d'utiliser une pression équivalente à celle utilisée par les doigts du circuit pour qu'ils restent connectés ensemble. De même, il importe de conserver une pression égale dans les doigts du circuit, sans forcer pour les maintenir absolument ensemble - il s'agit d'un test de résistance musculaire et non de force musculaire.

On procède ensuite comme suit :

1. Poser la question.
2. Utiliser les doigts testeurs (index et pouce) pour tenter de briser le circuit.
3. Si le circuit se brise, c'est-à-dire si les doigts du circuit s'entrouvrent comme des pinces, la réponse est OUI. Si les doigts du circuit restent fermement connectés, la réponse est NON.

ouvert **fermé**

D'autres types de réponses

Dans certains protocoles, il faut VÉRIFIER la quantité (ex. : combien de codons, de fragments, etc.). Or, pour obtenir une réponse avec un test kinésiologique, il faut utiliser des questions simples dont la réponse est oui ou non. Par conséquent, lorsqu'on cherche un chiffre (combien), on procède avec une série de questions servant d'abord à déterminer un ordre de grandeur, puis à se rapprocher de plus en plus de la réponse exacte. Voici un exemple :

***Question originale : Combien** y a-t-il de codons dans ce programme ?*

Poser les questions suivantes :

1.	*Le nombre de codons a-t-il 1 chiffre ?*	*NON*
2.	*Le nombre de codons a-t-il 2 chiffres ?*	*NON*
3.	*Le nombre de codons a-t-il 3 chiffres ?*	***OUI***
(Nous savons maintenant que le nombre de codons se situe entre 100 et 999)		
4.	*Le nombre de codons est-il égal ou supérieur à 500 ?*	*NON*
(Il s'agit donc d'un chiffre entre 100 et 499)		
5.	*Le premier chiffre du nombre est-il 1 ?*	*NON*
6.	*Le premier chiffre du nombre est-il 2 ?*	*OUI*
	Le premier chiffre est le 2	
7.	*Le deuxième chiffre du nombre est-il égal ou supérieur à 5 ?*	***OUI***
(Il est par conséquent inutile de poser les questions pour les chiffres de 0 à 4)		
8.	*Le deuxième chiffre est-il 5 ?*	*NON*
9.	*Le deuxième chiffre est-il 6 ?*	*NON*
10.	*Le deuxième chiffre est-il 7 ?*	*NON*
11.	*Le deuxième chiffre est-il 8 ?*	***OUI***
Le deuxième chiffre est le 8		
12	*Le troisième chiffre est-il égal ou supérieur à 5 ?*	*NON*
13.	*Le troisième chiffre est-il 0 ?*	*NON*
14.	*Le troisième chiffre est-il 1 ?*	***OUI***
Le troisième chiffre est le 1		

***Réponse :** Il y a **281** codons.*

On peut aussi trouver d'autres types de réponses en décomposant la question originale en une série de questions de type « oui ou non ». Voici un deuxième exemple :

***Question originale** : Doit-on installer une couleur (réponse OUI). Si oui, **laquelle** ?*
Pour répondre à la question « laquelle », on dresse une liste de couleurs :

Question	*Liste de couleurs*	*Réponse*
S'agit-il du...	*Blanc*	*NON*
S'agit-il du...	*Noir*	*NON*
S'agit-il du...	*Rouge*	*NON*
S'agit-il du...	*Bleu*	*NON*
S'agit-il du...	*Vert*	*NON*
S'agit-il du...	*Orangé*	*NON*
S'agit-il du...	*Rose*	*NON*
S'agit-il du...	*Turquoise*	*NON*
S'agit-il du...	*Émeraude*	***OUI***
	Violet	
	Jaune	
	etc.	

Réponse : Émeraude

On peut aussi se concentrer sur chaque couleur successivement en demandant « s'agit-il de cette couleur ? » jusqu'à ce qu'on obtienne un OUI.

Même si le fait de poser une série de questions successives semble un exercice long et fastidieux ainsi expliqué sur papier, en réalité, avec un peu de pratique, cela se fait très rapidement.

Voici une liste de couleurs à tester lorsque vous en avez besoin :

Argent	*Jaune*	*Rouge*
Blanc	*Lilas*	*Sable*
Bleu	*Marron*	*Safran*
Cuivre	*Nacré*	*Saumon*
Émeraude	*Noir*	*Turquoise*
Fuchsia	*Ocre*	*Ultraviolet*
Grenat	*Or*	*Vert*
Gris	*Orange*	*Violet*
Infrarouge	*Rose*	

Annexe III

Possibilités de blocages

Cette annexe constitue une sorte de banque de données qui aidera à trouver les données manquantes pour compléter les protocoles. Testez pour identifier la ou les données recherchées.

Méthode :

1. Poser d'abord la question : « Combien y a-t-il de données dont j'ai besoin dans cette annexe ? »

2. Vérifier dans quelle(s) section(s) ces données se trouvent en testant l'intitulé de chaque section ou son numéro (1 à 22). Se rendre ensuite dans chacune des sections qui ont testé OUI pour tester les données spécifiques que l'on recherche.

Exemple : Supposons que la réponse au numéro 1 indique qu'on a besoin de 4 données. On teste ensuite l'intitulé des 22 sections, ce qui donne :

1	=	*NON*	
2	=	*OUI*	*donc aller à l'Annexe V, trouver la croyance mentale, puis revenir à l'Annexe III pour continuer à tester;*
3 et 4	=	*NON*	
5	=	*OUI*	*en testant les données de la section 5, on obtient « Virus »;*
6, 7 et 8	=	*NON*	
9	=	*OUI*	*en testant les données de la section 9, on obtient « lymphe »;*
17	=	*OUI*	*le test donne « Terre, pancréas »*

pour un total de quatre données.

1. **Émotions** : Voir l'Annexe IV
2. **Croyances mentales** : Voir l'Annexe V
3. **Spirituel**
    1. Interférence – Forces de la noirceur
    2. Chakra – VÉRIFIER lequel (1 à 13) et s'il est trop ouvert ou trop fermé
    3. Vie passée
    4. Astrologie/numérologie
    5. Corps énergétiques – VÉRIFIER lequel (1 à 13), s'il s'agit d'un besoin de réalignement, d'un trou dans l'aura ou autre chose
    6. Pas dans son corps
    7. Rêves
    8. Stellaire
    9. Galactique
    10. Changement de fréquence
    11. Thème de l'Âme centrale
    12. Autre
4. **Allergies**
5. **Infections**
    1. Virus
    2. Grippe et rhume
    3. Chlamidies
    4. Rickettsies
    5. Mycoplasmes
    6. Bactéries
    7. Champignons
    8. Parasites
6. **Radicaux libres (toxines)**
    1. Résidus pathologiques
    2. Vaccins
    3. Drogues
    4. Métaux lourds
    5. Médicaments
    6. Radiations
    7. Produits chimiques
7. **Métabolisme**
    1. Assimilation – VÉRIFIER à quel pourcentage elle est accomplie.
    2. Élimination/drainage – VÉRIFIER à quel pourcentage il est accompli.
    3. Digestion – VÉRIFIER à quel pourcentage elle est accomplie.
    4. Équilibre acido-basique – VÉRIFIER si trop acide ou trop alcalin
    5. Débalancement du glucose sanguin
    6. Débalancement des gras corporels
    7. Protéines

8. **Débalancement hormonal**
    1. Hypophyse
    2. Épiphyse
    3. Hypothalamus/thalamus
    4. Thyroïde
    5. Thymus
    6. Pancréas
    7. Surrénales
    8. Ovaires/testicules
9. **Circulation**
    1. Sang
    2. Lymphe
    3. Influx nerveux
    4. Acupuncture
10. **Problème structural**
    1. Colonne vertébrale
    2. Squelette
    3. Organe
    4. Muscles
    5. Ligaments
    6. Fascia
    7. Nerfs
    8. ADN
    9. Articulations
    10. Autre
11. **Dents**
12. **Réparation des chromosomes – voir protocole n° 8**
13. **Thérapie par les couleurs** – VÉRIFIER de quelle couleur la personne a besoin.
14. **Blocage de l'énergie/*Kundalini, Shushumna,* etc.** – Voir Annexe VI
15. **Influences génétiques**
    1. Pré-conception, conception, intra-utérin
    2. Transgénérationnelles
    3. Miasmiques
    4. Autre

16. **Endroits** – Les différents endroits du corps ont été rassemblés en 5 groupes, selon les cinq éléments de la médecine chinoise. Donc, *tester* d'abord dans quel élément se trouve la donnée recherchée, puis *tester* quel organe en particulier.
    1. Élément FEU
        1. Cœur/circulation
        2. Glandes endocrines
        3. Intestin grêle
    2. Élément TERRE
        1. Rate
        2. Pancréas
        3. Estomac / bouche
        4. Système nerveux
    3. Élément MÉTAL
        1. Poumons / nez et sinus
        2. Tissu conjonctif
        3. Colon
        4. Peau
    4. Élément EAU
        1. Reins
        2. Vessie/urètre
        3. Lymphe /liquide extracellulaire ou intracellulaire
        4. Organes reproducteurs
        5. Oreilles
    5. Élément BOIS
        1. Foie
        2. Vésicule biliaire
        3. Colonne vertébrale et articulations
        4. Yeux
    6. Systèmes (rénal, pulmonaire, etc.) voir annexe VII
    7. Muscles
    8. Cerveau et système nerveux
    9. Méridiens d'acupuncture
17. **Conditions spécifiques** – Une condition spécifique est un état du corps comme un foie engorgé, une cavité remplie de sang coagulé, une adhérence, une perméabilité excessive de l'intestin grêle, etc. Pour savoir de quel endroit il s'agit, consulter la section précédente
18. **Choc** – VÉRIFIER à quel âge, avec qui et dans quelles circonstances
19. **Les quatre corps :** physique, émotionnel, mental, spirituel
20. **Autre protocole :** voir la table des matières des tomes I et II
21. **Autres données provenant des livres *Essence, Ancrage, Convergence***
22. **Autre**

Annexe IV

LISTE DES ÉMOTIONS

Si la réponse trouvée dans cette annexe est une « émotion » non définie (par exemple, « Émotion due à la famille » à la page 228), il faut alors faire une autre recherche dans cette annexe pour préciser l'émotion dont il est question.

1. À la retraite
2. Abaissé
3. Abaissement volontaire
4. Abandonné
5. Abandonner
6. Abnégation
7. Absorbé
8. Abus physique
9. Abus psychologique
10. Abus sexuel (molestation / vicieux)
11. Abusé
12. Accomplissement
13. Accoutumance à une drogue, etc.
14. Adaptabilité
15. Adulte /programme pour pouvoir être accepté
16. Affamé (spirituel ou émotif)
17. Affection qui ne devrait pas être
18. Âge (dire son âge et vérifier si c'est exact)
19. Agir comme
20. Agir selon ses convictions
21. Agit à la place d'autrui / remplacement
22. Agitation
23. Agression
24. Aimer l'attention qui vient avec la violence, l'abus, l'attaque, la contradiction, la souffrance, etc.
25. Allergique à une émotion

1. Allergique aux parents / enfants à cause de leurs chicanes ou de leurs demandes
2. Allergique ou auto-immunité face à ses propres émotions
3. Ambiguë
4. Amertume
5. Amis
6. Amitié
7. Amour : __ de soi, de l'autre
8. Amour = Vérifier quelle émotion
9. Amour altéré / muté ; lorsque quelqu'un a vécu avec une personne qui était toujours sur le bord d'une dépression nerveuse mais qui n'en a jamais vraiment fait une.
10. Amour non réciproque
11. Anxiété (thyroïde) : physique
12. Anxieux; à la dérive par anxiété
13. Apparence : peur d'une bonne__, n'aime pas avoir une bonne__, ne pas vouloir attirer l'attention sur une certaine partie du corps en s'empêchant d'avoir une bonne__, peur/phobie de la jalousie qui causerait de la trahison si j'avais bonne__
14. Appréhension
15. Argent
16. Art de vendre n'importe quoi

1. Assis entre deux chaises
2. Association, émotions et symptômes (ex. : nourriture = critique)
3. Attente de soi
4. Attentes
5. Attentes des autres
6. Aura/système nerveux
7. Auto-critique
8. Auto-immunité du système immunitaire due à une émotion
9. Auto-perception
10. Auto-punition
11. Auto-rejet
12. Auto-revanche
13. Autorité : peur de l'__, éviter l'__, avoir besoin d'__, s'offenser de l'__, voudrait être l'__.
14. Autosuggestion
15. Autre
16. Avoir à / devrait…
17. Avoir à changer / changer
18. Avoir besoin d'affection
19. Avoir besoin d'aimer / vouloir aimer
20. Avoir besoin d'arranger les choses
21. Avoir besoin d'avoir des enfants
22. Avoir besoin d'être aimé sans condition
23. Avoir besoin d'être encadré
24. Avoir besoin d'être guidé
25. Avoir besoin d'être puni par Dieu
26. Avoir besoin d'être reconnu
27. Avoir besoin d'évasion
28. Avoir besoin de liberté
29. Avoir besoin de plus de plaisir
30. Avoir besoin de prouver quelque chose
31. Avoir besoin de s'abandonner à un problème
32. Avoir besoin de se punir
33. Avoir besoin de souffrir
34. Avoir besoin de soutien
35. Avoir besoin que quelqu'un d'autre nous punisse

1. Avoir commis un crime
2. Avoir confiance en…
3. Avoir de la peine
4. Avoir de la rancune
5. Avoir de la valeur
6. Avoir donné une mauvaise représentation
7. Avoir été battu / être battu physiquement ou mentalement
8. Avoir été négligé
9. Avoir fait du tort à sa famille
10. Avoir fait une erreur
11. Avoir la conscience claire
12. Avoir la trouille
13. Avoir les nerfs à vif
14. Avoir manqué de contact physique dans l'enfance
15. Avoir perdu goût à la vie
16. Avoir perdu le contrôle
17. Avoir perdu le désir de vivre
18. Avoir perdu le désir de…
19. Avoir perdu sa vie
20. Avoir peur que ses enfants tournent mal
21. Avoir tout perdu
22. Avoir une opinion / un jugement
23. Avoir zéro émotion
24. Avortement
25. Banni
26. Beauté (personnelle) = émotion
27. Belligérant
28. Besoin d'avoir de l'amnésie
29. Besoin d'avoir plus d'attention
30. Besoin d'être chéri
31. Besoin de chérir
32. Besoin de pardonner
33. Blâmer
34. Blessure spirituelle, mentale, émotionelle
35. Bonheur
36. Bouc émissaire
37. Boulimie
38. Brave
39. Brouillé avec quelqu'un

1. But
2. Calomniateur/dénonciateur
3. Captivité
4. Carrière
5. Carrière / profession
6. Centré / focalisé
7. Chagrin relié au passé
8. Changement
9. Changer / avoir changé
10. Cheveux
11. Chez soi / domicile
12. Choc
13. Choc de guérison émotive
14. Choc du cerveau
15. Choisir la mauvaise voie / direction dans sa vie
16. Choix
17. Choix : ne pas avoir le ___, faire le mauvais___, incapable de faire un___
18. Circonstances
19. Cœur brisé (combien de fois)
20. Combat
21. Communication
22. Communication maritale
23. Communication sexuelle
24. Compassion
25. Compensation et émotions
26. Compétition
27. Complaisance envers soi-même
28. Complexe d'infériorité
29. Comploter
30. Comportement et émotion = agit comme une infection
31. Conduire les autres sur le mauvais chemin
32. Confisquer
33. Conflit avec des idéaux humanitaires
34. Conflit avec des standards moraux
35. Conflit avec un témoignage
36. Confus
37. Confusion spirituelle

1. Conscience
2. Conservation
3. Conspiration
4. Contentement
5. Contrarié
6. Contrôlant
7. Contrôle
8. Contrôle des autres / par les autres
9. Corps brisé
10. Coupable
11. Courage
12. Cousin/cousine
13. Créer
14. Créer son propre avenir : financier ou autre (lequel ?)
15. Criminel
16. Croire des faussetés à propos de soi-même
17. Croire en une fausseté
18. Croisement : tester avec qui ? (je suis vulnérable à..., je suis spirituellement marié à...)
19. Croisement familial/mariage entre cousins
20. Croit que c'est irréparable
21. Croyance ou programmation qu'on va se faire faire mal
22. De quelle émotion ai-je besoin pour régler ce problème ?
23. Débarquer/décrocher
24. Découragement
25. Déçu
26. Dédain qui mène à la rage
27. Défense : aucune défense ou protection
28. Défiance
29. Dégénérescence du système nerveux due aux émotions
30. Démasqué
31. Déménager
32. Dénigrer
33. Dépendance émotionnelle

1. Dépendre d'autrui pour se sentir bien dans sa peau
2. Dépendre de quelqu'un pour son estime de soi
3. Dépression
4. Dépression : à cause de la fatigue; génétique; d'un cœur brisé
5. Dépression nerveuse : du système digestif; du corps physique; pelvienne; familiale / héritée; intra-utérine; post-partum; foie / thyroïde; aurique; celle d'autrui
6. Dépression sans raison
7. Dépression suicidaire
8. Désappointé / déçu
9. Désapprobateur
10. Désensibilisation émotive
11. Désespéré
12. Déshérité/dépourvu
13. Déshonoré
14. Déshonorer quelqu'un d'autre
15. Désillusionné
16. Désir d'être contrôlé
17. Désir d'être quelqu'un de grand / de bien
18. Désir d'un symptôme ou de quelque chose de négatif
19. Désobéir
20. Désolé
21. Destitué
22. Destruction de soi / suicide
23. Détruire une partie de soi-même
24. Détruit
25. Devoir se repentir pour quelque chose
26. Diabolique
27. Dictatorial
28. Dieu
29. Difficulté
30. Diminué
31. Discrédité
32. Diversion (ex. : détourner l'attention d'un endroit du corps…)

1. Divorce
2. Docteur / thérapeute
3. Dominateur
4. Donner l'exemple
5. Donner mais ne pas recevoir
6. Douleur : émotive, physique, spirituelle, mentale
7. Doute
8. Doute intérieur à propos de choses extérieures à soi
9. Douter de soi-même
10. Ébranlé
11. Échec (incapable de plaire, inefficace)
12. Échec aux yeux de Dieu
13. Échec en tant que mère / père / sœur / frère / conjoint / patron / etc.
14. Échec professionnel / social / familial
15. Éclaircissement
16. Écran protecteur
17. Ego
18. Ego excessif
19. Égoïste / « petit *boss* »
20. Embarrassé
21. Émotion à propos de soi-même
22. Émotion au niveau des muscles
23. Émotion cachée (laquelle ?)
24. Émotion combinée
25. Émotion de quelqu'un d'autre (laquelle/de qui ?)
26. Émotion due à la famille
27. Émotion due aux relations
28. Émotion encapsulée : trouver l'émotion en question et l'endroit (Annexe III) où elle est encapsulée
29. Émotion située dans un segment de la colonne
30. Émotion superficielle
31. Émotion supprimée
32. Émotions : due à des miasmes; héréditaire
33. Empathie : spirituelle / mentale / émotive / physique

1. Empathie face à une situation que nous pourrions régler si nous le pouvions
2. Emploi / employeur
3. En deuil
4. En parler = émotion
5. Endetté envers quelqu'un
6. Enfant intérieur
7. Engagement
8. Engagement à long terme
9. Ennui
10. Entêté
11. Enthousiasme
12. Envie
13. Ergoteur/raisonneur
14. Erreur d'interprétation
15. Espoir
16. Estime de soi
17. Établie
18. Être abandonné
19. Être adopté
20. Être allergique à la responsabilité
21. Être attaché, lié
22. Être bien va me faire oublier
23. Être blâmé
24. Être blond, brun, auburn, etc.
25. Être bon
26. Être connu pour
27. Être conscient
28. Être déprécié
29. Être déserté/abandonné
30. Être émotivement fort
31. Être en mauvaise compagnie
32. Être gentil
33. Être laissé pour mort
34. Être manipulé ou vouloir l'être
35. Être mauvais
36. Être nécessiteux
37. Être ouvert à…
38. Être pris entre deux : personnes, situations
39. Être privé de

1. Être programmé
2. Être puni
3. Être repoussé
4. Être responsable de
5. Être retenu par
6. Être seul
7. Être soi-même, naturel
8. Être supposé…
9. Être un champion
10. Être un étudiant / apprendre
11. Être un exemple
12. Être vu comme quelqu'un d'autre
13. Éviter un sujet, une émotion
14. Excuse / symptômes = excuse
15. Expression
16. Expression artistique ou toute autre création = anxiété et troubles du système nerveux
17. Expression de sa vie
18. Exprimer ses émotions ou opinions = émotions
19. Fâché
20. Façon de penser – génétique ?
21. Faible pouvoir émotif
22. Faiblesse
23. Faim
24. Faire des plans pour le futur
25. Faire douter de soi
26. Faire faillite
27. Faire l'amour = émotion
28. Familiale
29. Famille qui se défoule sur lui / elle
30. Fantaisie
31. Fantaisie sexuelle ou amoureuse
32. Fantôme
33. Fatigue émotive / spirituelle / mentale
34. Fatigue émotive cérébrale
35. Fausse grossesse
36. Fausse personnalité
37. Fausser
38. Faux

1. Faux prophète
2. Favoritisme chez quelqu'un d'autre
3. Féminité/masculinité = émotion
4. Fils/fille
5. Force
6. Fou
7. Frère
8. Froissé
9. Frustration
10. Frustration sexuelle
11. Frustration spirituelle
12. Furtif / en cachette
13. Futur béni
14. Généreux à outrance
15. Genre de vie / Mode de vie
16. Giflé
17. Gloire ou prestige à être un martyre
18. Grand-père, grand-mère
19. Guérison / santé
20. Guérison : ne pas guérir, ne pas accepter la guérison, allergie à la guérison, guérir est un stress, non-adaptation à guérir, guérir = émotion
21. Haine : de soi; des autres; d'une personne en particulier
22. Hanté par : __ la peur; __le souvenir; autre
23. Harmonie
24. Histamine ou réaction allergique en pensant à quelque chose
25. Honte
26. Hostilité
27. Humaine
28. Humilié/blessé
29. Hyperactivité
30. Hypochondriaque
31. Hystérie
32. Hystérique
33. Ignoré
34. Il ne faut pas en parler
35. Illumination

1. Imagination
2. Imbécile
3. Immature
4. Imminent / menaçant
5. Impérieux / autoritaire
6. Impoli
7. Impossible
8. Impur / immonde
9. Inaccepté
10. Inaccessible
11. Inadéquat
12. Inapaisable
13. Inattaquable
14. Inavoué (crime)
15. Incapable
16. Incapable d'avoir du plaisir / de s'amuser
17. Incapable d'essayer à nouveau
18. Incapable de compétitionner
19. Incapable de créer des liens
20. Incapable de croître
21. Incapable de manifester quelque chose de valeur dans sa vie
22. Incapable de trouver sur quelle voie se lancer
23. Incertain
24. Inceste : mental; émotionnel; sexuel
25. Incompétent
26. Inconscient
27. Indécis
28. Indigne
29. Indomptable
30. Infidèle
31. Influencé par autrui
32. Infortuné
33. Inhibition
34. Inquiet
35. Inquiétude
36. Insatisfaction
37. Insécurité / ne pas se sentir en sécurité
38. Insensibilité / être insensible
39. Insomnie

1. Instable
2. Intégrité
3. Interprétation déséquilibrée
4. Intimidé
5. Intoxication / accoutumance
6. Intrigué par le côté sordide de…
7. Inutile
8. Invaincu
9. Invisible aux yeux d'autrui
10. Irresponsable
11. Jalousie
12. Je crois que j'ai été la cause de…
13. Je ne peux plus voir / entendre / dire que j'aurai ou expérimenterai à nouveau…
14. Jongler à propos d'une action ou d'une pensée
15. Jumeau manquant (intra-utérin)
16. L'émotion centrale / première et émotions
17. L'erreur de sa vie
18. L'intention de quelqu'un d'autre
19. La foi
20. Laisser aller quelqu'un à qui on est attaché
21. Larmes
22. Lavage de cerveau
23. Le corps croit qu'il est un homme / une femme
24. Légitime défense/instinct de
25. Les gens ne s'intéressent pas à moi / négligé
26. Liberté
27. Lié ou joint à un autre
28. Lié par des vœux (peut être de mariage)
29. Liens incomplets avec la mère / avec le père
30. Lorsqu'on utilise une émotion négative
31. Macho
32. Mal acclimaté
33. Mal comprendre le langage du corps de quelqu'un
34. Maladie physique

1. Malheureux
2. Malhonnête
3. Maniaco-dépressif
4. Manière de concevoir une situation
5. Manipulateur
6. Manque / trop de relations sexuelles
7. Manque d'acceptation
8. Manque d'ambition
9. Manque d'expérience
10. Manque d'ordre
11. Manque de libido
12. Manque de paix au niveau du corps émotif
13. Manque de sympathie / compassion
14. Manquer de chaleur humaine
15. Manquer de contact physique
16. Manquer de respect
17. Mariage
18. Maternage (avoir manqué de…)
19. Materner (avoir besoin de materner ou d'être materné)
20. Mauvais sexe
21. Mauvaise direction dans la vie
22. Mauvaises perceptions
23. Méchant / vicieux
24. Mécontent
25. Mécontent de soi
26. Méditation
27. Mélancolie
28. Mémoire
29. Mensonges
30. Mentir
31. Mépris
32. Mince/gras
33. Mis à l'écart
34. Modestie exagérée
35. Morose
36. Mort : peur de la mort; peur de la mort de quelqu'un; peur de la mort de quelque chose (relations, etc.)
37. Mortel / mort

1. Motivation : intrinsèque; extrinsèque
2. Mots
3. Mouvement ou voyagement qui déclenche des mémoires
4. Mystérieux / surnaturel
5. Narcissisme
6. Ne devrait pas
7. Ne pas avoir besoin de quelqu'un
8. Ne pas avoir confiance en ses propres mots
9. Ne pas avoir confiance en soi donc se défendre contre quelque chose de mauvais pour soi
10. Ne pas avoir conscience de soi ou perception dégénérée du sens de soi
11. Ne pas avoir d'émotions
12. Ne pas avoir de buts / objectifs
13. Ne pas avoir de désir
14. Ne pas avoir de liberté
15. Ne pas avoir de travail
16. Ne pas avoir de valeur
17. Ne pas avoir de voix
18. Ne pas avoir droit à l'amour
19. Ne pas avoir droit à un avenir prospère / financier / heureux, etc.
20. Ne pas avoir droit ou ne pas trouver son…
21. Ne pas avoir établi de bons liens parentaux avec ses enfants
22. Ne pas avoir été accepté comme enfant
23. Ne pas avoir le droit de dire ou de répéter
24. Ne pas avoir le droit de se sentir bien
25. Ne pas avoir reçu de bénédiction familiale
26. Ne pas croire en Dieu
27. Ne pas découvrir
28. Ne pas être apprécié
29. Ne pas être capable d'éliminer une émotion
30. Ne pas être désiré
31. Ne pas être reconnu

1. Ne pas être résolu
2. Ne pas pouvoir éliminer une émotion
3. Ne pas pouvoir faire quelque chose
4. Ne pas pouvoir trouver quelque chose
5. Ne pas s'appartenir
6. Ne pas s'en faire
7. Ne pas savoir ce que l'on veut
8. Ne pas savoir où se placer/vivre
9. Ne pas savoir quoi / lequel choisir
10. Ne pas se permettre de : guérir; d'être aimé; etc.
11. Ne pas se sentir à la hauteur
12. Ne pas se sentir en sécurité
13. Ne pas se sentir utile
14. Ne pas sentir qu'on a droit à l'amour
15. Ne pas vouloir être différent / spécial
16. Ne pas vouloir être normal
17. Ne peut pas avoir ce qu'il veut
18. Ne peut pas faire quelque chose
19. Ne peut pas trouver
20. Négliger
21. Nerveux/incapable de relaxer
22. Nervosité
23. Niais
24. Nom d'une personne
25. Non attaché/libre
26. Non béni
27. Non réalisé / sans talents
28. Non soutenu / non épaulé
29. Non perception d'une émotion
30. Nouveau décor
31. Obligation
32. Obsession
33. Occasion spéciale
34. Offensif en public
35. On m'a fait croire que…
36. Oncle / tante
37. Opinion
38. Opportunité
39. Oppression
40. Organisation

1. Où est ma place ?
2. Oubli de soi
3. Oublié
4. Paix
5. Panique – confusion
6. Paranoïa : en général; face à quelqu'un; face à quelque chose
7. Pardonné
8. Pardonner : – à soi-même, – aux autres, – à Dieu, – à sa famille, etc.
9. Partir
10. Pas complémentaire
11. Pas de futur
12. Pas de futur béni
13. Pas de paix de l'esprit
14. Pas fini
15. Pas le droit d'exister
16. Passif-agressif
17. Paternité / maternité
18. Pauvre de moi
19. Pauvre exemple
20. Peine future
21. Pensée positive cache une émotion
22. Pensées morbides
23. Pensées qui reviennent toujours
24. Penser aux autres avant soi
25. Perception psychique altérée
26. Perceptions altérées
27. Perdre la face
28. Perdre la foi
29. Perdre son sang froid
30. Perdu
31. Père / mère
32. Père ou mère absent
33. Perfectionniste
34. Permettre
35. Persécuté
36. Persécution
37. Personnalité marginale
38. Personnalité(s) multiple(s)
39. Perturbé

1. Pessimiste
2. Petite taille / grande taille
3. Peu ou pas aimé
4. Peur
5. Peur de dépendre d'autrui
6. Peur de faire mal aux autres
7. Peur de l'échec financier / amoureux / scolaire / professionnel / social, etc.
8. Peur de l'inconnu
9. Peur de mal élever ses enfants
10. Peur de recevoir
11. Peur de risquer
12. Peur des conséquences
13. Peur ou phobie de se sentir bien
14. Peur qu'une maladie ne revienne
15. Peut donner trop de soutien au niveau physique et prendre le mal d'autrui
16. Peut être manipulé
17. Phobie : __ de se faire mal; __ des hôpitaux, etc.
18. Phobie de la rage
19. Phobie et émotion
20. Phobies
21. Phobie d'être un champion ou d'être important
22. Plaindre
23. Plaisir / s'amuser
24. Pleine lune et émotion
25. Plusieurs personnes
26. Point de vue
27. Porteur d'une émotion / croyance
28. Porteur d'une émotion sans la manifester; peut porter celles des autres ou d'une société
29. Positivité (inversée ou négative)
30. Possessif
31. Pouponner / prendre soin de…
32. Pour le plus grand bien de…
33. Pour se protéger (question de survie)
34. Prémonition

1. Prendre les émotions de quelqu'un
2. Prendre soin de…, peur de ne pas recevoir de soins; avoir besoin d'être aimé inconditionnellement; être fort = ne plus recevoir de chaleur; peur de sentir que quelqu'un prend soin de nous; peur d'être conduit sur le mauvais chemin à cause de notre besoin d'être nourri par quelqu'un d'autre
3. Prétendre
4. Problème – le sien ou celui de quelqu'un d'autre
5. Problèmes de couple
6. Problèmes de santé
7. Programme qui a été effacé
8. Programmer pour accepter les enfants
9. Projection
10. Protection
11. Psychose
12. Publique
13. Quelqu'un se décharge sur lui ou elle
14. Qui doute
15. Qui doute de Dieu
16. Rage
17. Rage / haine réprimée
18. Rage cachée peut mener à être enragé tout le temps à petites doses pour s'empêcher de perdre le contrôle
19. Rage cachée
20. Rage combinée avec la haine
21. Rage transformée en une émotion
22. Rancunier
23. Rappel cyclique
24. Réagir (ex. au stress d'autrui)
25. Réalité
26. Rébellion
27. Récompense
28. Reconnaître sa féminité / masculinité
29. Rejeté par la famille
30. Relations

1. Relations : amoureuses; amicales; professionnelles; sociales; etc.
2. Relations amoureuses forcées
3. Remords (en avoir trop fait)
4. Renfermé
5. Reproche intérieur
6. Résistance à guérir
7. Résistance face à quelque chose – comme se faire aider
8. Respect (faire une phrase avec ce mot)
9. Responsabilité d'avoir une famille
10. Ressasser
11. Ressasser les mêmes vieilles idées
12. Ressentiment
13. Retour en arrière (*flash-back*)
14. Revanche (haine)
15. Rêves
16. Richesse
17. Rigide/intransigeant
18. Ruiner
19. S'abaisser
20. S'appartenir
21. S'empêcher de pleurer
22. S'ennuyer terriblement de quelqu'un
23. S'évanouir
24. Sa propre intention
25. Saboter
26. Sagesse
27. Sans espoir
28. Sans fond / jamais
29. Sans pitié
30. Sans recours
31. Sans remord
32. Satisfait
33. Savoir qu'il est… + émotion
34. Scène rétrospective du passé (*flash-back*)
35. Sceptique
36. Schizophrénie
37. Se blâmer
38. Se débattre pour sa survie ou difficulté à joindre les deux bouts

1. Se dominer
2. Se permettre : de se blesser; d'échouer, etc.
3. Se programmer à mourir jeune
4. Se rappeler une peine oubliée
5. Se remettre / guérison
6. Se retirer / abandonner
7. Se sauver / s'enfuir
8. Se sentir attaqué
9. Se sentir brisé
10. Se sentir contrarié
11. Se sentir coupé du monde
12. Se sentir créatif face à l'avenir
13. Se sentir critiqué
14. Se sentir dominé / contrôlé
15. Se sentir endetté envers quelqu'un
16. Se sentir fatigué de…
17. Se sentir fier de soi
18. Se sentir laissé pour compte
19. Se sentir menacé
20. Se sentir moins que…
21. Se sentir pauvre ou être pauvre
22. Se sentir rejeté
23. Se sentir séparé de…
24. Se sentir seul au monde
25. Se sentir trahi
26. Se sentir utilisé
27. Se sentir vide
28. Se sentir vide de toute émotion positive
29. Se souvenir – ne pas vouloir se souvenir
30. Secours personnel
31. Sécurité financière face au futur
32. Sentir qu'on nous manque de respect
33. Sentir que quelqu'un a besoin de nous
34. Si c'était quelqu'un d'autre, quelle émotion ?
35. Simplement / sans affection
36. Soeur
37. Soi-même
38. Souffrance dans l'enfance
39. Souffrant
40. Souhaiter mourir

1. Souhaiter que quelqu'un meurt
2. Soupçons
3. Stature
4. Stress + émotion
5. Stress : être capable / incapable de se sortir du stress
6. Stress : peur du __; phobie du __; être habitué au __;
7. Stress au niveau du liquide céphalo-rachidien
8. Stress causé par une phobie
9. Stress de peur
10. Stress de quelqu'un qui se débat dans la vie
11. Stress de sa propre mort
12. Stress dû à la mort de quelqu'un d'autre
13. Stress dû à une erreur d'interprétation (ex. : amour = manipulation)
14. Stress et non perception
15. Stress extérieur à soi / à l'intérieur de soi
16. Stress provient de : __ hérité; __ intra-utérin; __ de la naissance, __ de la conception; miasme (trouver le nombre de générations); __ au niveau des chromosomes
17. Stress rattaché aux nerfs
18. Stupide
19. Succès (pas programmé pour…)
20. Sur la défensive
21. Survie
22. Sympathie
23. Symptômes, émotion
24. Syndrome post-choc, post-traumatique
25. Système de croyances et émotion
26. Système de valeurs et émotion
27. Système immunitaire en dégénérescence à cause d'une émotion
28. Système nerveux central et phobie
29. Système nerveux central – mémoire + émotion
30. Talent

1. Terreur
2. Timide – peur du succès
3. Torturé ou avoir besoin de l'être
4. Toujours avoir la même réponse émotive
5. Tout est contre la personne
6. Tout le monde (pense… ou est…, etc.)
7. Tout le monde / le monde, etc.
8. Tragédie
9. Trauma sexuel (viol)
10. Travail
11. Triste
12. Trompeur / menteur
13. Troublé
14. Trouble alimentaire : boulimie, anorexie
15. Valeur personnelle : allergique à sa __; ne pas avoir de __ (peut être appris)
16. Vérité
17. Veut dire que le corps est incapable de guérir, ne peut que survivre, peut-être face à toute guérison ou émotion positive, à cause de la peur de l'échec
18. Victime
19. Victime des symptômes d'autrui, de leurs maladies, émotions ou traits hérités
20. Victime et émotion
21. Vie
22. Vie et émotion
23. Vie manquée
24. Vindicatif
25. Viol / trauma
26. Viol : physique; psychologique; du domicile; ou n'importe quel empiètement sur la vie privée ou l'intimité
27. Violence
28. Visualisation : incapable de faire une __; __ excessive
29. Vocation
30. Voeux (de mariage) brisés
31. Voeux (peut-être de mariage)

1. Volé
2. Voleur
3. Volonté d'autrui
4. Volonté d'une personne
5. Vouloir dévorer de la nourriture / du sucre
6. Vouloir être aimé
7. Vouloir être protégé
8. Vouloir être quelqu'un d'autre
9. Vulnérable

Annexe V

ÉMOTIONS ET AFFIRMATIONS (INTENTIONS) POUR L'ASPECT MENTAL

Vulnérabilité – Blessure		Nouvelle structure
1.	Peur	*Je suis en sécurité*
2.	Blessures	*Je suis libre*
3.	Revanche	*Je suis en paix*
4.	Qui ne s'accepte pas	*Je m'accepte*
5.	Colère	*Je prends soin de moi et des autres*
6.	Friction – famille	*Je suis à la fois désiré et aimé*
7.	Rejet	*Je suis parfait*
8.	Culpabilité sexuelle	*Je suis amour et sexualité*
9.	Perte de pouvoir	*Le monde et moi-même sommes en sécurité*
10.	Pas de direction	*J'avance dans la vie avec aisance*
11.	Haine de soi	*Je suis rempli de joie et d'amour de moi*
12.	Ne pas laisser aller la culpabilité	*Je laisse aller le passé, je suis libre, je me pardonne*
13.	Ne pas faire confiance	*Je fais confiance à la vie, je suis en sécurité*
14.	Jugement	*Mes sentiments sont normaux et sans risque*
15.	Étroitesse d'esprit	*Je suis complètement ouvert d'esprit*
16.	Suppression	*Je prends ma vie en charge*
17.	Étourdie	*Je me centre*
18.	Tension	*Je fais confiance en la vie, je suis en sécurité*
19.	Anxieux	*C'est la joie que j'accueille*
20.	Manque de joie	*J'ai de nouvelles idées joyeuses*
21.	Résistance	*Je suis le flot de la vie avec légèreté*
22.	Défaitisme	*Je choisis de vivre ma vie maintenant même si j'ai fait des erreurs dans le passé*
23.	Tête dure	*Toute ma vie est en changement*
24.	Mère poule	*Je suis libre d'être moi-même*
25.	Surprotection	*Je peux grandir sans risque*

Vulnérabilité – Blessure		Nouvelle structure
1.	Échec	*Je suis adéquat en tout temps*
2.	Ressentiment	*Je laisse aller le passé*
3.	Peine	*Je remplis mon monde de joie*
4.	Haine	*Je pardonne à toutes mes expériences passées*
5.	Se sentir enfermé	*Je voyage à travers le temps et l'espace avec aisance*
6.	Douleur de l'enfance	*Je pardonne à tout le monde*
7.	Se sentir seul	*Je suis en sécurité, tout va bien*
8.	Hypersensible	*Je suis toujours en sécurité et à l'abri*
9.	Étouffé	*Je m'exprime avec aisance*
10.	Triste	*Joie, joie, joie coule dans mon corps et dans ma tête !*
11.	Isolé	*Je suis « un » avec tout*
12.	Inquiétude	*Je veux lâcher prise avec joie*
13.	Amertume	*La vie est douce et moi aussi*
14.	Incertitude	*Je m'aime et je m'approuve*
15.	Lourdeur	*Il y a du temps et de l'espace pour tout ce que je fais*
16.	Désappointement	*Je m'exauce moi-même*
17.	Accablement	*Ma vie est facile et joyeuse*
18.	Remords	*Je suis en paix à l'endroit même où je suis*
19.	Frustration	*Je change tous les types/genres de critiques*
20.	Honte	*Chaque expérience n'amène que du bon*
21.	Sans honneur	*Je suis flexible et malléable*
22.	Qui se justifie	*Je cherche l'amour et le trouve partout*
23.	Dépression	*J'aime la vie à l'extrême*
24.	Jalousie	*Il y en a assez pour tous*
25.	Indécis	*Mes décisions sont toujours parfaites pour moi*
26.	Qui s'en fait	*Je suis merveilleux et je me supporte*
27.	Qui a la critique facile	*Je me dirige vers mon plus grand bien*
28.	Sans espoir	*Ma vie s'améliore de jour en jour*
29.	Insécurité	*Je suis libre de parler en mon nom*
30.	Se sentir attaqué	*Je suis protégé et à l'abri en tout temps*

Vulnérabilité – Blessure		Nouvelle structure
1.	Sans soutien	*La vie supporte toutes mes pensées*
2.	Inflexibilité	*Je suis ouvert à de nouvelles idées*
3.	Sans courage	*Je sais que la vie est en ma faveur*
4.	Entêté	*C'est sécuritaire de considérer d'autres points de vue*
5.	Obsessions	*Je fais confiance au processus de la vie*
6.	Doute	*Je prends des décisions facilement*
7.	Humiliation	*Je dépasse toutes mes limites*
8.	Égoïste	*Je crée un monde sécuritaire dans lequel vivre*
9.	Persécution	*Je vois la vie de façon éternelle et joyeuse*
10.	Renoncement	*Je prends plaisir à tout ce que je suis*
11.	Confusion	*Mon mental est détendu et en paix*
12.	Irritation	*Tout est paisible*
13.	Défaite	*Je choisis d'être gagnant dans ma vie*
14.	Inquiétude	*Je choisis d'avoir un avenir béni par rapport à …*

Annexe VI

BLOCAGES DE L'ÉNERGIE PSYCHIQUE

1. *SUSHUMNA* – Canal énergétique à travers lequel passe la Kundalini; il correspond à la moelle épinière du corps physique.

2. *IDA* **et** *PINGALA* – Canaux subtils situés à gauche (*Ida*) et à droite (*Pingala*) du *Sushumna.* Ida et Pingala sont considérés comme des nerfs énergétiques (faisant donc partie du système nerveux du corps subtil) situés de chaque coté du *Sushumna.* Ils aboutissent au nez après avoir passé par l'arrière de la tête.

3. *KUNDALINI* – Énergie latente qui, lorsqu'elle s'éveille, monte dans le canal du *Sushumna.* Ce phénomène, appelé « montée de la *Kundalini* », peut conduire à l'illumination.

4. *PRANA* – Molécule d'énergie subtile qu'on inspire dans l'air et qui nourrit les corps subtils. On pourrait comparer son rôle pour les corps subtils à celui de l'oxygène pour le corps physique.

5. **CONNEXION de l'*IDA* et du *PINGALA*** – VÉRIFIER la connexion au niveau du chakra de la base.

6. ÉNERGIE VITALE – Force de vie; ce qui nous maintient en vie.

7. BLOCAGES DE COMMUNICATION ENTRE L'INCARNATION ACTUELLE ET L'ÂME CENTRALE

8. *PRANA* MORT ET/OU ÉNERGIE VITALE MORTE

9. *PRANA* VOLÉ PAR AUTRUI ET/OU ÉNERGIE VITALE VOLÉE PAR AUTRUI

10. **CORDELETTES ÉNERGÉTIQUES ENTRE LA PERSONNE ET QUELQU'UN D'AUTRE** :
    a) VÉRIFIER avec qui;
    b) VÉRIFIER dans quel(s) chakra(s);
    c) VÉRIFIER dans quel sens : de l'autre vers la personne ou l'inverse;
    d) VÉRIFIER s'il faut défaire la connexion et reconnecter ou s'il faut mettre au point zéro ou dissoudre la cordelette dans le chakra du cœur ou s'il faut dissoudre la cordelette (le plus souvent, si l'autre personne est morte).

11. **ÉNERGIE MORBIDE ET/OU SANS MOUVEMENT**

12. **ENDROIT + ÉNERGIE BLOQUÉE ET/OU STAGNANTE**

13. **BLESSURE** – VÉRIFIER si elle est mentale, spirituelle, physique, émotive, chimique, autre.

14. **GRILLE COSMIQUE**

15. **EMPOISONNEMENT, TOXICITÉ, ALLERGIES, CHOC ou SYNDROME MORTEL dans les CHAKRAS, les CORPS SUBTILS ou autre endroit non physique.**

16. **ORBITE COSMIQUE** – VÉRIFIER si elle est brisée ou bloquée en évaluant son circuit : en avant, du niveau des reins au périnée, en remontant le long du dos jusqu'à la tête, puis de nouveau en avant, en descendant vers le nombril.

17. ***MERKABAH*** – **(voir annexe I)** Il y a trois champs superposés l'un à l'autre autour de notre corps : physique, mental et émotionnel. Si on fait tourner ces champs en reliant le mental, les émotions et le corps physique, le champ mental tourne vers la gauche, l'émotionnel vers la droite et le physique reste immobile. Lorsqu'on fait tourner ces champs à des vitesses très précises et de façon spécifique, une sphère peut apparaître.

18. **PATHOLOGIE DES CHAKRAS** (1 à 13 chakras)
    a) désinsertion;
    b) insertion pathologique - VÉRIFIER :
       1. s'il y a dédoublement;
       2. si elle est au mauvais endroit dans corps;
       3. si la rotation se fait dans le bon sens (ex : à l'envers).
    c) bien inséré mais changement de l'axe de rotation (surtout le 1er chakra);
    d) taux vibratoire n'est pas aligné sur la fréquence de l'Essence;
    e) autre.

19. **PATHOLOGIE DES CORPS ÉNERGÉTIQUES – VÉRIFIER lequel ou lesquels.** On en compte environ 7, parfois plus. VÉRIFIER aussi :
    a) s'il y a dissociation;
    b) s'il y a un trou, une déchirure ou une tache (noire ou grise);
    c) s'il y a transfert de la conscience dans une autre dimension, une autre réalité ou un autre orbite (ex. maladie mentale);
    d) si la personne est prise dans le non-temps ou le non-espace;
    e) si la personne est prise dans la polarité à travers le temps, l'espace, les univers, etc.

20. **SON**
    a) VÉRIFIER s'il manque un son spécifique dans la voix de la personne lorsqu'elle parle du passé, du présent ou du futur;

Chakra	Son	Mantra	Musique
1er	do	lam	forte/rythmée
2e	ré	vam	légère
3e	mi	ram	rythmes de feu
4e	fa	yam	nouvel âge
5e	sol	ham	harmonique
6e	la	ksham	des Sphères
7e	si	om	silence

    b) VÉRIFIER s'il manque une voyelle dans la voix de la personne lorsqu'elle parle du passé, du présent ou de l'avenir. Si OUI, VÉRIFIER laquelle : a, e, i, o, u.

21. **CHAMANIQUE** – VÉRIFIER :
    a) s'il y a des parties du corps qui manquent, qui sont perdues;
    b) si l'âme est disjonctée;
    c) s'il y a distorsion d'un site énergétique chamanique.

22. **FRÉQUENCE VIBRATOIRE EN HERTZ** (0 à 78) – VÉRIFIER :
    a) à quelle fréquence vibre le corps ?
    b) quelle est la meilleure fréquence pour le corps ?

23. **CONNEXION ET ALIGNEMENT AVEC LE CENTRE DE LA TERRE** – VÉRIFIER à quel pourcentage la personne est connectée au centre de la terre.

24. **PLANÈTES** – Mercure, Vénus, Terre, Lune, Mars, Astéroïdes, Jupiter, Saturne, Uranus, Neptune, Pluton, Chiron, autre.

25. **SÉRIE DE NOMBRES / NUMÉROLOGIE** – VÉRIFIER quel(s) nombre(s).

26. **LIGNE DU TEMPS** – VÉRIFIER :
    a) le nombre de lignes du temps que la personne occupe;
    b) combien de thèmes s'entrecoupent;
    c) combien il y a de points communs entre eux.

27. **DISTORSION HOLOGRAPHIQUE** – VÉRIFIER :
    a) si la personne en est consciente et est capable de la dissoudre ou de la mettre au point zéro. Si NON, VÉRIFIER pourquoi en testant dans les Annexes III, IV, V et VI;
    b) si cela bloque l'accès au programme de l'Amour de soi.

28. **MUDRAS** – Les *mudras* sont des positions des mains qui aident à produire de l'énergie psychique et à canaliser le prana dans une direction précise.
    VÉRIFIER chaque *mudra* en joignant l'extrémité des doigts de la façon suivante :
    a) pouce et index;
    b) pouce et majeur;
    c) pouce et annulaire;
    d) pouce et auriculaire;
    e) pouce et index + majeur;
    Pour chaque position, VÉRIFIER si le *mudra* est trop ouvert, trop fermé ou obstrué.

29. **DIMENSIONS SPIRITUELLES (1 À 13)** – VÉRIFIER :
    a) la connexion;
    b) la stabilisation;
    c) le réalignement.

30. **GÉOMÉTRIE** – VÉRIFIER si le corps de la personne ou son environnement a besoin d'un symbole géométrique spécifique : Reiki, spirale, triangle, carré, cercle, symbole de l'infini, symbole de l'éclair, sphère, tétraèdre, hexaèdre, octaèdre, icosaèdre, dodécaèdre, cube octaèdre, dodécaèdre rhombique, cube métatron, arbre de vie, fleur de vie, fruit de vie, dodécaèdre étoilé icosaédrique, symbole runique, autre.

31. **TOUT INDIVIDUALISÉ** : mouvement de l'Essence et de l'Amour de soi, soutenus par le non-mouvement de l'Abîme cosmique.

32. **AUTRE**

Annexe VII

LISTE DES SYSTÈMES

1. Système génétique mitochondrial
2. Système sanguin
3. Système des cavités
4. Système émotionnel
5. Système dentaire
6. Système d'élimination cellulaire
7. Système électromagnétique
8. Système tégumentaire
9. Système nerveux parasympathique
10. Système génito-urinaire
11. Système lymphatique
12. Système réticulo-endothélial
13. Système pubien
14. Plexus solaire
15. Système vestibulaire
16. Système de la valve digestive
17. Système ATP/ADP (glucose + protéines)
18. Système cutané
19. Système de détoxication
20. Système cérébro-vasculaire
21. Système métabolique
22. Système respiratoire
23. Système immunitaire
24. Système extéroceptif

1. Système cardiovasculaire
2. Circulation + système
3. Plexus coeliaque
4. Système digestif gastrointestinal
5. Système des organes sensoriels (yeux, nez, oreilles...)
6. Système visuel
7. Système auditif
8. Système reproducteur
9. Système crânien
10. Système psychique
11. Système musculaire
12. Système osseux
13. Système des muscles lisses + le système spécifique (ex. : + le système digestif)
14. Système nerveux central
15. Système de l'ADN
16. Système endocrinien
17. Système des sinus
18. Système excréteur
19. Système interstitiel
20. Système diaphragmatique
21. Tous les systèmes

Annexe VIII

BIOGRAPHIE ET FORMATIONS

BIOGRAPHIE

Naturopathe professionnelle de formation, Kishori Aird est une intuitive médicale. Tous les intuitifs médicaux ont leur méthode particulière pour la lecture des symptômes et pour rétablir le courant vital après avoir identifié les blocages. Kishori Aird n'est pas différente dans ce domaine. Elle utilise, entre autres, la *kinésiologie de reprogrammation.*

Le chemin de l'intuition médicale est beaucoup plus fréquenté de nos jours qu'il ne l'était il y a quelques années. Kishori Aird a un long parcours spirituel et alternatif derrière elle. Elle a vécu dans un ashram à l'âge de 18 ans. À 20 ans, elle faisait son cours d'infirmière en espérant devenir sage-femme. À 25 ans, après avoir été de nouveau résidente dans un ashram pendant 2 ans, elle a fondé une famille et s'est installée à Ottawa où elle a travaillé à L'Arche de Jean Vanier (une organisation internationale qui oeuvre auprès de personnes déficientes intellectuelles). C'est en 1986 qu'elle est revenue à Montréal et qu'elle a commencé de nouvelles formations de guérison avec les cristaux et l'hypnothérapie. Depuis la Convergence Harmonique de 1987, elle a complété une formation thérapeutique axée sur la naturopathie, la kinésiologie et les approches émotionnelles. Elle possède une formation en Tantra et elle est maître Reiki.

En 1990, elle a été initiée à la kinésiologie de reprogrammation sur la Côte Ouest américaine et a eu la chance de travailler dans un cabinet de chiropractie et de naturopathie très réputé. C'est en 1993, après cette période de formation sur le terrain, qu'elle a ouvert son cabinet de consultation et qu'elle a commencé à travailler par téléphone comme intuitive médicale.

En 1994, Kishori Aird a commencé à enseigner l'art de devenir intuitif médical. À partir de l'été 1997, elle a entrepris des recherches sur l'ADN et sur les moyens par lesquels le reprogrammer et se le réapproprier. Elle a ensuite élaboré des techniques de reprogrammation qu'elle enseigne aujourd'hui et qui l'ont conduite à la découverte de l'Essence, de l'Ancrage et de la Convergence.

Depuis la parution du livre *Essence* en 2005, elle a fermé son cabinet et consacre son temps à l'écriture et à l'enseignement. La reprogrammation de l'ADN, l'exploration de l'Essence et le processus d'amplification et d'ancrage du Tout Individualisé sont devenus ses principales préoccupations. Son approche non sectaire est maintenant celle d'une visionnaire et d'une mystique, qu'elle applique par le coaching de la convergence du point zéro.

Formations

Kishori Aird offre des formations sur le contenu de ses livres : *L'ADN Démystifié, L'ADN et le Choix Quantique*, *Essence*, *Ancrage* et *Convergence*. Dans ces formations, elle explique les protocoles et les exercices présentés dans les livres. Elle explique aussi comment faire de nouveaux liens et reprogrammer par le pouvoir de l'intention au point zéro. Les formations comportent une partie théorique (25%) et une partie pratique (75%) supervisée par Kishori et ses assistants.

À un moment donné, nous avons voulu changer le parcours pour le simplifier, mais ce sont les étudiants qui avaient fait les quatre premiers stages qui ont dit de ne rien changer, car il y avait une progression notable depuis le début jusqu'à la fin, surtout à propos du point zéro et de l'Essence. Il faut avoir fait le stage du tome 1 (*L'ADN Démystifié*) et du tome 2 (*L'ADN et le Choix Quantique*) avant de pouvoir faire celui d'*Essence*, celui d'*Ancrage* et enfin, celui de *Convergence*. Le 5e stage conduit à l'obtention d'un Certificat en coaching de convergence. Nous conseillons aux personnes qui assistent à une formation de lire auparavant le livre correspondant à celle-ci.

Les stages sont des parcours initiatiques et vibrationnels qui se succèdent. Ce n'est pas tellement le contenu qui est déterminant mais l'expérience personnelle qui en découle. Même les personnes qui refont un stage pour la deuxième fois ont des gains appréciables.

Au fil des ans, le bénéfice d'un processus intégré qui se fait étape par étape est devenu de plus en plus évident et chacun des stages offre aux participants une expérience vibratoire différente et leur permet de suivre une trajectoire individuelle.

Nous considérons que les stages sont des parcours initiatiques à l'intérieur de notre code génétique plutôt qu'être uniquement des formations théoriques. C'est la raison pour laquelle nous n'enseignons pas dans les villes mais à la campagne.

Nous considérons que l'information est de nature vibratoire. Pour éviter toute modification imperceptible du contenu des livres, consultez-nous avant de suivre une formation sur la reprogrammation de l'ADN, pour vous assurer que l'enseignant est autorisé par l'Institut Kishori.

Pour plus de renseignements sur les formations :

Institut Kishori
C.P. 252
Magog (Québec) JIX 3W8
Téléphone : 819 868-1284
Site Internet : www.kishori.org
Courriel : info@kishori.org

L'ADN ET LE CHOIX QUANTIQUE

Avec L'ADN et le Choix Quantique, Kishori Aird nous invite à entrer dans le monde de l'infiniment petit et à adopter un mode de pensée qui envisage la coexistence de multiples possibilités. Elle explique en termes simples et précis des concepts tels que la vision quantique, la théorie des cordes, la théorie des multiples univers, l'effet tunnel et le temps non linéaire. Elle nous permet ainsi d'entrevoir que, non seulement le microcosme n'est pas statique, mais au contraire, qu'il se comporte différemment selon l'observateur. Nous apprenons qu'il existe des mondes parallèles qui vibrent à des taux vibratoires différents de ceux de notre monde.

Kishori Aird nous propose de travailler avec les protocoles de ce livre et avec ceux de L'ADN Démystifié afin de pouvoir opérer des choix nouveaux et enrichissants et prendre des décisions plus judicieuses. Nous bénéficions désormais du soutien de la science et de la métaphysique. Il n'y a aucune raison de ne pas nous servir de nos nouveaux outils puisque notre ADN est flexible et reprogrammable. En appliquant les nouvelles découvertes scientifiques à la biologie humaine et au code génétique, nous donnons un sens à la vie et à la matière.

ESSENCE

NOUS AVONS TOUS UN TAUX VIBRATOIRE ESSENTIEL.

Ce nouveau livre explore le concept de la fréquence vibratoire de notre Essence. En apprenant à identifier la longueur d'onde de notre Essence et en la faisant vibrer totalement à l'intérieur de nous, nous allons de plus en plus nous définir par notre taux vibratoire. Nous aussi nous allons obtenir une identité vibratoire comme c'est le cas pour les super cordes en physique quantique qui représentent la nouvelle définition vibratoire de la matière.

L'ESSENCE RECHERCHE AUTOMATIQUEMENT UN MODE D'EXPRESSION QUI SOIT EN RÉSONANCE AVEC SA FRÉQUENCE.

Dans cet ouvrage, l'auteure nous propose de changer de voie quantique en établissant des frontières saines, en prenant conscience de nos besoins personnels et authentiques, en utilisant le pouvoir des intentions au point zéro et, finalement, en exploitant l'extraordinaire puissance de la fréquence de notre Essence individuelle et unique.

ANCRAGE

Nous sommes à un tournant que nous attendions depuis très longtemps. À partir de maintenant, ce sera l'ancrage du TOUT INDIVIDUALISÉ en alliance continue et constante avec le plan vibratoire du GRAND TOUT qui deviendra notre seule manière d'agir. Nous pourrons faire coexister nos différences vibratoires et entrevoir une nouvelle étape d'évolution planétaire.

L'heure du changement est inévitable. Il n'y a pas de retour vers une Source cosmique, il n'y a qu'un retour vers notre Essence et l'Amour de soi au point zéro. C'est ce qui nous ramène à nous-mêmes et à l'expression de notre taux vibratoire à travers les univers. Nous pouvons maintenant, par le pouvoir de l'intention au point zéro, manifester l'idéal alchimique où l'Unité se nourrit du GRAND TOUT et où le GRAND TOUT se nourrit de l'Unité. Le but de l'ancrage du TOUT INDIVIDUALISÉ est l'alignement de l'intention individualisée au point zéro en accord avec le plan essentiel aligné sur l'intention universelle du GRAND TOUT.

CONVERGENCE

Le point zéro est un état d'être dynamique qui résulte de la coexistence consciente de deux pôles opposés. Il nous permet d'utiliser l'aspect négatif et l'aspect positif des émotions et de créer ainsi une force d'attraction.

La spirale convergente du point zéro est une constante qui permet à l'ombre de coexister avec la lumière sans que l'une annule l'autre. Peu importe ce qui nous arrive, si nous choisissons de le vivre sans jugement au point zéro, nous permettons à tout ce que nous ressentons, que ce soit sur le plan physique, émotionnel, mental ou spirituel, de contribuer à la dynamique convergente du vortex du point zéro. Au centre de cette tornade, il y a un espace vaste et sacré de possibilités où nous pouvons créer l'émergence de notre individualité essentielle.

Quand nous laissons agir l'Essence et la Convergence, nous développons une disponibilité à recevoir leurs bienfaits, dont l'accès à l'espace sacré des possibilités essentielles au centre de la spirale du point zéro. Ainsi, au lieu de choisir que nos objectifs s'alignent sur l'Essence, nous permettons à l'Essence de réaliser ses objectifs dans nos vies.

Made in the USA
Monee, IL
18 October 2026

66039201R00146